KB175874

런던,
영화처럼
여행하라

영화의 감동을 따라 걷는 감성 여행기

런던, 영화처럼 여행하라

초판발행 2017년 12월 01일
초판 3쇄 2019년 01월 11일

지은이 김 인
펴낸이 채종준
기 획 이아연
편 집 백혜림
디자인 홍은표
마케팅 송대호

펴낸곳 한국학술정보(주)
주 소 경기도 파주시 회동길 230(문발동)
전 화 031-908-3181(대표)
팩 스 031-908-3189
홈페이지 http://ebook.kstudy.com
E-mail 출판사업부 publish@kstudy.com
등 록 제일산-115호(2000. 6. 19)

ISBN 978-89-268-8194-1 03980

런던,
영화처럼
여행하라

김인
쓰고 찍다。

영화의 감동을 따라 걷는
감성 여행기

이담
Books

영화 속 런던을 거닐다

나는 '평범 권태증'이라는 희귀한 병을 앓고 있다. 보편적이고 평범한 일보다는 늘 새롭고 조금은 색다른 일을 끊임없이 갈망하고 도전하는 병 말이다.

고등학교 시절, 친구들이 수능 공부를 할 때 나는 논술에 매진해 해당 전형으로 대학교에 들어갔다. 대학교 시절에는 전공보다는 기타 연주와 작곡에 흥미를 느껴, 독학으로 공부해 수원시 거리의 아티스트로 활동했다. 지금 역시 친구들은 회사에 들어가 열심히 일을 하거나 사업을 하는 등 사회의 일원으로서 자리를 잡아가고 있지만, 나는 여전히 여행을 하며 글을 쓰고 있다.

처음 런던에 오게 된 이유도 내가 앓고 있는 이 병 때문이다. 누군가는 먼런던에서 가이드 일을 하고 글을 쓰고 있는 나를 보고 현실도피자라고 이야기할지도 모른다. 사실 그렇다고 해도 전혀 신경이 쓰이는 건 아니지만 그럼에도 변명을 해보자면 이렇다. 인생에 단 한 번뿐인 20대를 보내기 전, 나의 생각과 감정을 책으로 남기고 싶었다. 물론 나의 감정표현은 어리숙하고 서툴 것이고, 내면의 부족한 면들은 낱낱이 드러날 것이다. 하지만 20대만이 가지는, 그 무르익지 않은 자아를 글로 담아내는 것도 나름의 의미가 있지 않을까 하는 생각이 몹시 들었다.

　운이 좋게도 영국의 한 여행사에 가이드로 채용이 되어 런던에 도착하자마자 바로 일을 할 수가 있었다. 사실 당시에 나는 가이드 투어를 한 번도 경험해본 적이 없어 가이드가 어떤 역할을 하는지 정확히 알지 못했다. 여행객들에게 도시의 역사를 소개하고 낭만적인 추억을 만들어주는 일이라고 막연하게 기대했을 뿐이다. 하지만 현실은 정말이지 너무 달랐다. 내가 아무리 빅벤Big Ben, 웨스트민스터 사원Westminster Abbey, 버킹엄 궁전Buckingham Palace의 찬란한 역사를 완벽하게 설명해도 역사에 관심이 없는 여행객들은 전혀 공감하지 못했고, 그들에게 런던이라는 도시를 낭만적으로 기억되게 하는 일은 더욱 불가능했다. 오히려 대부분의 여행객은 투어의 내용보다는 사진이 잘 나오는 것에 더 관심을 보였다.

　어쩌면 당연한 일이다. 처음 들어보는 건축가의 이름, 정치인의 삶, 왕족의 역사에 공감할 수 있는 이가 몇이나 되겠는가. 나는 투어 스타일을 조금씩 바꿔갔다. 역사 등 기본적인 정보는 간단하지만 명확하게 설명하고, 런던에서 촬영된 유명한 '영화'와 '영화음악'을 매개로 런던을 소개하기 시작했다. 런던에서 촬영된 영화는 생각보다 많았고, 그 영화를 보고 런던을 찾아오는 사람들 역시 훨씬 많았다. 당연히 효과는 기대 이상이었다.

　이 책 역시 그 연장선이라 할 수 있다. 《런던, 영화처럼 여행하라》는 단순히 여행지의 정보만을 전달하는 딱딱한 여행 가이드북이 아닌, 런던을 배경으로 촬영된 영화 속 명소와 그와 어울리는 음악을 소개하는 새로운 스타일의 여행서이다. 영화의 흔적을 따라, 음악과 함께 런던의 곳곳을 여행하며 느낄 생생한 감동들이 차갑게 식어 있던 감정의 온도를 따뜻하게 녹여주리라 믿는다. 특히, 어디를 가도 무엇을 해도 감흥이 없을 정도로 평범한 여행에 권태를 느끼고 있는 사람이라면 다시 한 번 여행의 설렘을 느낄 수 있게 될 것이다.

상상해보자. 영화 〈러브 액추얼리Love Actually〉의 피터와 줄리엣이 결혼식을 올린 흰색으로 가득한 그로스베너 성당Grosvenor Chapel에 앉아, 린든 데이비드 홀Lynden David Hall의 〈All you need is love〉를 들으며 한참을 영화 속 장면을 그리고 있을 당신의 모습을. 영화 〈어바웃 타임About Time〉의 팀과 메리가 처음으로 서로의 마음을 확인하고 첫 키스를 나눈 골본 로드Golborne Road를 산책하며 폴 뷰캐넌Paul Buchanan의 〈Mid Air〉를 듣고 있을 당신의 감정의 온도를 말이다.

김 인

Contents

> **"**
> 겉모습은 다르지만 그래도 괜찮아요.
> 저는 작은 곰, 패딩턴이에요.
> **"**

_ 패딩턴의 독백 중에서

〈패딩턴〉, 2014
감독: 폴 킹
출연: 니콜 키드먼(밀리센트), 벤 위쇼(패딩턴 목소리), 휴 보네빌(헨리 브라운)

Please look after this bear

패딩턴

Paddington

Location Map

1. 패딩턴 역
2. 찰코트 크레센트 30번지
3. 폴 몰 104번지
4. 버러 마켓
5. 버킹엄 궁전
6. 앨리스 앤티크
7. 다운셔 힐 52번지
8. 런던 자연사 박물관

Paddington Station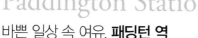

바쁜 일상 속 여유, **패딩턴 역**

"너는 앞날이 창창한 어린 곰이야.
런던에서 새로운 집을 찾아야 해."

_ 페루를 떠나는 패딩턴에게 숙모가 하는 말

　　자연의 베일에 싸인 페루에서 평화로운 삶을 살고 있던 작은 곰 '패딩턴'.
폭풍우로 가족과 삶의 보금자리를 잃게 된 패딩턴은 숙모의 조언을 듣고 새로운 곳
에서 새로운 삶을 시작하기 위해, 지난날 페루를 방문했던 영국의 탐험가가 초대한
런던으로 떠난다. 런던에 도착한 패딩턴. 매일 같이 〈외국인 런던 생활 지침서〉를 들
으며 공부한 런던의 문화와 영어를 가지고 지나가는 사람들에게 도움을 구해보지만,
누구 하나 패딩턴에게 관심을 주지 않는다. 친절하고 매너 있는 사람들이 가득할 것
만 같던 런던의 모습은 기대와는 다르게 지독하게 차갑다.

　　갈 곳 없는 패딩턴이 할 수 있는 거라곤 웃으며 자신을 돌봐줄 누군가를 애
타게 찾는 일뿐이다. 한동안 소득 없는 시간이 흐르고, 어둠이 찾아오고 나서야 패딩
턴은 브라운 가족을 만난다. 브라운 가족의 아버지 '헨리 브라운'이 패딩턴을 돕는
것을 탐탁지 않게 여기기도 했지만, 그의 아내 '메리 브라운'이 가여운 작은 곰에게
동정을 느끼고 헨리를 진솔하게 설득한 끝에 패딩턴은 새로운 가족을 찾게 된다. 브

라운 가족은 패딩턴을 데리고 집으로 떠나기 전, 그 작은 곰의 이름을 처음 만난 장소인 기차역의 이름을 따서 패딩턴이라 지어준다. 그렇게 작은 곰 패딩턴의 새로운 삶이 런던에서 시작된다.

he
says

　　런던에 도착해 사람들에게 외면당하고, 어둠 속에서 자신을 돌봐줄 누군가를 기다리던 패딩턴의 모습은 마음이 아프면서도 참 공감이 갔다. 2년 전 꿈만 가득한 내가 런던에 도착했을 때, 나는 모든 것이 어색하고 무서웠다. 혼자 집을 구하고, 일을 찾고, 친구를 사귀는 등 런던의 삶에 적응하는 과정은 언어로 인한 어려움을 넘어 지독한 외로움 때문에 힘든 시간이었다. 그 외로움은 이성이나 친구가 아닌 가족을 향한 그리움이었다. 가족이라는 울타리 안에서 평화로이 살아왔던 나는 런던에 와서 모든 것을 혼자 감당하고 책임져야 하는 상황을 마주하고 나서야 가족의 소중함을 깨달았다. 내가 영화 〈패딩턴〉을 좋아하는 이유도 바로 이 때문이다. 작은 곰 패딩턴과 독특한 브라운 가족이 보여주는 완벽한 호흡은 관객들에게 잊고 있던 가족의 소중함을 온전히 느낄 수 있게 해준다.

한편, 영화 〈패딩턴〉은 영국 문학작가 마이클 본드Michael Bond의 패딩턴 시리즈를 처음 영화로 제작한 것이다. 그는 1958년《내 이름은 패딩턴A Bear Called Paddington》의 출간을 시작으로 수많은 패딩턴 시리즈를 선보이면서 3만 5천만 부 판매, 40개국으로 번역 출판되는 등 세계적인 베스트셀러가 되었다. 그 명성으로 인해 영국 출신의 감독 폴 킹Paul King이 패딩턴을 영화화한다고 했을 때 많은 기대와 함께 걱정 어린 시선을 받기도 했다. 그러나 영화 〈해리 포터Harry Potter〉의 프로듀서 데이비드 헤이먼David Hayman을 비롯한 세계적으로 뛰어난 제작진들이 원작의 매력을 그대로 영화에 담아내면서 영국과 프랑스에서 박스오피스 1위를 기록하는 등 세계적으로 큰 성공을 이루어냈다.

패딩턴이 런던에 도착해 브라운 가족을 처음 만나는 장소는 런던의 기차역 '패딩턴 역Paddington Station'이다. 이곳은 〈어바웃 타임About Time〉, 〈이프 온리If Only〉 등 수많은 영화의 촬영지로 이용되었는데, 특히 영화 〈패딩턴〉에서는 작은 곰 패딩턴의 새로운 인생이 시작되는 곳으로 영화의 전개에 있어 중요한 의미를 가진다. 그렇다면 실제 패딩턴 역의 모습은 어떨까?

영화 속에서 비춰진 것만큼 차가운 분위기는 아니지만 바쁘고 정신없는 것만은 사실이다. 패딩턴 역은 근교로 가는 기차들이 모여 있는, 흡사 한국의 용산역 같은 교통의 중심지로 출퇴근 시간에는 흔히 말하는 지옥철을 경험할 수 있는 곳이다. 사실 그렇게 사람이 많은 곳에서 작은 곰이 영어를 좀 한들 누가 관심이나 가지겠는가. 바쁘고 정신없는 그곳에서 패딩턴이 사람들에게 외면당한 것은 어쩌면 당연한 모습 같기도 하다. 물론 나였다면 신기한 작은 곰을 당장에라도 데리고 가려 했겠지만 말이다.

이처럼 런던이라는 도시는 생각만큼 여유롭지는 않다. 물론 공원에서 산책을 하는 노부부들이나 카페에서 티타임을 갖는 사람들을 보면 이만큼 여유로운 도시도 없을 거란 생각이 들기도 한다. 하지만 출퇴근 시간에 사람으로 가득 찬 지하철이나 바쁘게 걸어다니는 직장인들을 본다면 표면적으로 보여지는 런던 시티의 삶은 굉장히 바빠 보일지도 모른다.

하지만 전형적인 도시의 삶과 여유로운 삶의 공존이야말로 런던이 가지는 큰 매력 중 하나라고 할 수 있다. 오래된 건축물들과 화려한 현대 건축물들이 조화를 이루는 런던 시티의 모습처럼 말이다. 처음으로 소개하는 영화 〈패딩턴〉은 특히나 런던에서의 삶을 잘 담아내고 있어 영화를 보고 있으면 마치 런던을 여행하고 있는 듯한 기분이 든다.

Music

Arrival in London (sound track)

영화 〈패딩턴〉에서 처음 소개할 곡은 패딩턴이 항구에서 우편물 배송차량을 몰래 타고 패딩턴 역에 도착하는 장면에서 흘러나온 〈Arrival in London〉이다. 기대에 부푼 마음으로 런던에 도착한 패딩턴에게 잘 어울리는 곡으로, 영화음악 감독 닉 우라타Nick Urata가 작곡했다.

그는 미국의 집시 펑크 밴드인 데보츠카Devotchka의 보컬 겸 작곡가로 〈필립 모리스I Love You Phillip Morris〉, 〈크레이지, 스투피드, 러브Crazy, Stupid, Love〉, 〈루비 스팍스 Ruby Sparks〉, 〈메이지가 알고 있었던 일What Maisie Knew〉 등 다수의 영화 OST를 작업하면서 많은 사람에게 관심을 받기 시작했다. 영화 속 상황과 절묘하게 들어맞는 음악으로 관객을 영화에 몰입하도록 하는 능력은 그가 영화음악을 만드는 데 얼마나 공을 들이는지 알 수 있게 해준다. 특히 그의 음악적 공감능력은 영화 〈패딩턴〉에서 어린아이부터 어른까지 전 연령대의 마음을 사로잡으면서 세계적인 수준으로 자리잡게 된다.

실제로 〈Arrival in London〉은 런던에 갓 도착한 듯한 설렘을 전하면서 영화에 몰입하게 하고, 앞으로의 전개가 어떻게 될지 궁금하지 않을 수 없게 만드는 제 역할을 톡톡히 하고 있다.

패딩턴 역 Paddington Station

▫ **Add:** Praed Street, London W2 1HQ
▫ **Scene:** 패딩턴 역 1번 플랫폼
▫ **Tel:** +44-(0)345-711-4141
▫ **Web:** www.networkrail.co.uk

30 Chalcot Crescent

#파스텔 #로맨틱 #런던, **찰코트 크레센트 30번지**

film story

패딩턴의 새 가족이 된 브라운 가족은 겉으로 보기에는 어디에서나 볼 수 있
는 평범한 가족 같지만 저마다 독특한 개성을 지닌 인물들이다. 먼저, 브라운 가족의
가장 '헨리 브라운', 일명 브라운 아저씨는 위험사고를 예측하고 평가하는 위험평가
사라는 특이한 직업을 가지고 있으며 패딩턴이 집에 도착하자마자 주택보험에 특약
을 추가하는 등 패딩턴의 사고를 예측하는 인물이다. 다음은 모험 만화를 그리는 4차

원의 매력을 가진 브라운 가족의 어머니 '메리 브라운', 그녀는 가여운 패딩턴을 집으로 데리고 올만큼 따뜻한 심성을 가졌다. 여기에 중국어뿐만 아니라 패딩턴에게 배운 곰의 언어까지 구사하는 언어 천재 '주디'와 무엇이든 척척 만들어내는 우주여행사가 꿈인 막내 '조녀선', 해군 아내 출신답게 군인정신으로 무엇이든지 해내는 '버드 할머니'까지. 브라운 가족은 이토록 독특한 매력을 가진 특별한 가족이다.

**he
says**

　브라운 가족의 옆집에는 악당 '밀리센트'의 조력자인 '커리'가 살고 있다. 밀리센트의 도도한 매력에 반해 패딩턴의 행동을 감시하고 보고하면서 밀리센트를 도와주던 커리는 심지어 패딩턴 납치작전을 위해 그녀에게 집을 내어주기도 한다. 사실 커리는 영화 〈패딩턴〉에서 소소한 유머를 유발하는 숨은 보석 같은 존재다. 빠르게 변화하는 상황에 따라 적응하고 성장하는 주인공들과는 다르게 커리는 한량같이 여유롭고 차분한 모습이다. 게다가 그의 독특한 캐릭터는 영화 전개와는 다소 어울리지 않는 엉뚱한 상황을 만들어내면서 예상 밖의 유머와 재미를 선사한다.
　특히, 빨간 전화 부스에서 커리가 밀리센트에게 첫눈에 반하는 장면에서 그의 역할은 확실히 빛을 발한다. 끈적한 분위기를 풍기는 라이오넬 리치Lionel Richie의 〈Hello〉와 함께 커리의 시선에 담긴 밀리센트의 도도한 모습이 슬로우 모션으로 연출되는데, 밀리센트의 긴박한 염탐의 상황과는 전혀 동떨어진 분위기로 엉뚱한 재미를 자아낸다.

　　브라운 가족만큼 알록달록 다양한 색의 매력을 가진, 영화 속 브라운 가
족의 집으로 촬영된 곳은 런던의 북쪽에 위치한 '찰코트 크레센트 30번지30 Chalcot
Crescent'이다. 영화에서는 '윈저 가든스Windsor Gardens'라고 소개되지만 연출을 위한 설
정이라고 하니 혼동하지 말자.

　　이 동네는 영화에서 보여지는 것처럼 연한 파스텔 톤의 건물들이 로맨틱한
분위기를 풍긴다. 골목마다 개성 있는 색의 집들이 줄지어져 있어 마치 크레파스를
나란히 세워둔 것 같다. 무엇보다 브라운 가족의 집으로 나오는 찰코트 크레센트 골
목은 파스텔 톤의 건물들이 둥글게 곡선을 이루고 있어 자못 우아함이 느껴지기도
한다. 아마도 감독은 이 골목에서 느껴지는 따뜻하고 동화 같은 분위기 때문에 이곳
을 영화 촬영지로 선택한 게 아닐까. 런던을 수도 없이 돌아다닌 나조차도 이곳의 아
기자기하고 귀여운 매력에 반해 정신없이 사진을 찍어댔으니 말이다.

찰코트 크레센트를 뒤로 하고 리젠트 운하Regent Canal를 따라 10여 분만 걸어가면 런던답지 않은 독특함이 묻어나는 '캠든 타운 마켓Camden Town Market'이 보인다. 다양한 국가와 인종의 사람이 가득한 런던과 가장 잘 어울리는 장소다. 길거리 음식부터 시작해서 중국에서나 볼 수 있을 법한 불상, 각 나라의 전통 액세서리, 각종 수공예품이 가득해 캠든 마켓만의 특별한 매력과 개성을 느낄 수 있다.

캠든 타운은 로컬 상점들의 간판만 봐도 캠든의 매력을 어느 정도는 짐작할 수 있다. 신발가게의 간판에는 커다란 신발이, 생과일주스 가게의 간판에는 커다란 과일이 떡 하니 올려져 있어 보는 눈이 즐겁다. 캠든 타운은 여러 개의 마켓으로 나누어져 있는데, 그중에서 내가 가장 좋아하는 마켓은 '캠든 락Camden Lock'이다. 식사

와 쇼핑을 한번에 끝낼 수 있어 제대로 둘러본다면 괜찮은 빈티지 의류나 유니크한 소품을 건질 수도 있다. 또한, 캠든 타운을 가로지르는 리젠트 운하에서는 배를 개조해 강 위에서 삶을 살아가는 방랑자들을 만나볼 수도 있다. 특이한 디자인의 배들과 오리들이 떠다니는 고요한 리젠트 운하의 풍경을 안주 삼아 마신 오후의 맥주 한 잔은 나에게 꽤 특별한 기억으로 자리잡고 있다. 리젠트 운하에서 산책을 하며 여유를 즐기고, 캠든 타운에서 색다른 스타일의 마켓을 경험한다면 "런던에 오길 참 잘했다"라는 생각이 들 만큼 알찬 여행코스가 될 것이다.

Music

The Letter Home (sound track)

"낯설고 차가운
런던이라는 도시에서
제가 살 곳이 있을까요?"

_ 런던에서 첫날을 보낸 패딩턴이 하는 말

〈The Letter Home〉은 지독히 차가운 런던에서의 첫날을 보낸 패딩턴이 다락방에 앉아 숙모에게 편지를 쓰는 장면에서 흘러나온다. 잔잔한 피아노 선율이 주를 이루는데, 앞으로의 근심과 걱정을 글로 써 내려가는 패딩턴의 모습과 잘 어울리는 곡으로 서정적인 분위기가 가득하다. 그렇다고 해서 결코 영화의 분위기를 다운시키거나 감성에 빠지게 만들지는 않는다. 오히려 작은 곰 패딩턴이 어른스럽고 씩씩한 모습을 보여주듯, 이 음악 또한 희망적이고 긍정적인 분위기를 연출한다.

실제로 영화 촬영지에서 이 음악을 들으니, 파란 달빛이 내려앉은 조용한 다락방에 앉은 패딩턴의 마음처럼 내 마음에도 고요함이 찾아오는 걸 느낄 수 있었다. 마음에 평온과 휴식을 전해주는 음악으로 추천하고 싶은 곡이기도 하다.

찰코트 크레센트 30번지 30 Chalcot Crescent

□ **Add:** 30 Chalcot Crescent, London NW1 8YD /
　　 초크 팜 역(Chalk Farm Station)에서 도보로
　　 7분

캠든 마켓 Camden Market

□ **Add:** Camden High Street, London NW1 8AF /
　　 찰코트 크레센트 30번지에서 도보로 10분
□ **Tel:** +44-(0)20-3588-0761
□ **Time:** 매일 10:00∼18:00
□ **Web:** www.camden-market.org

프림로즈 힐 Primrose Hill

□ **Add:** Primrose Hill Road, London NW3 3AX / 찰코
　　 트 크레센트 30번지에서 도보로 3분

104 Pall Mall

고풍스러운 런던의 클럽가街, 폴 몰 104번지

film
story

헨리는 아이들의 부탁으로 탐험가를 찾기 위해 패딩턴과 함께 탐험가협회를 찾아간다. 하지만 2백만 장의 편지와 일기, 수집품이 완벽히 정리되어 있는 탐험가협회에서는 페루에 관한 자료가 없다는 말뿐이다. 수상한 낌새를 눈치챈 패딩턴은 헨리를 청소 아주머니로 변장시켜 자료실로 잠입을 하고, 헨리가 치명적인(?) 미인계로 경비원을 유혹하며 시간을 버는 사이 탐험가에 대한 자료를 찾아낸다.

그런데 뒤섞인 자료를 제자리에 두고 도망치려는 찰나, 패딩턴은 하필이면 자료 뭉치와 비슷하게 생긴 마멀레이드를 자료실과 통하는 구멍에 집어넣고 만다. 덕분에 탐험가협회는 난장판이 되는데, 중앙 컨트롤 타워가 터져 온갖 자료는 날아다니고 사람들은 영문을 몰라 우왕좌왕 어쩔 줄을 모른다. 물론 이 틈을 타 패딩턴과 헨리는 안전하게 탐험가협회를 빠져나온다.

he
says

영화 〈패딩턴〉에서 헨리 브라운 역을 맡은 배우는 휴 보네빌Hugh Bonneville로, 그는 영화 〈노팅 힐Notting Hill〉에서 버니 역으로도 출연한 바 있다. 그의 섬세하고도 자연스러운 연기는 영화 〈패딩턴〉에서 가부장적이지만 아이들을 위해서라면 여장도 서슴지 않는 아버지 헨리 역을 완벽히 소화해내며 한 번 더 빛을 보았다. 특히, 경비원과의 심리전에서 보여준 가짜 팔 연기의 섬세한 감정묘사는 관객들에게 큰 웃음과 감탄을 자아내게 한다.

사실 헨리가 패딩턴을 직접적으로 도와주는 건 이번 탐험가협회 잠입작전이 처음이다. 패딩턴과 함께 있으면 사고가 날 확률이 4천 퍼센트나 늘어난다고 주장하며 쉽게 정을 주지 않던 그가 패딩턴에게 마음의 문을 열기 시작한 것이다. 그런 의미에서 탐험가협회 잠입작전은 헨리와 패딩턴이 서로에게 한 걸음씩 내딛는 소중한 계기가 되어주었다고 할 수 있다.

　　영화 속에서 탐험가협회로 촬영된 곳은 런던의 클럽가 '폴 몰 104번지104 Pall Mall'에 위치한 '리폼 클럽Reform Club'이다. 리폼 클럽은 1836년에 설립되어 본래는 남성 구성원들로만 이루어진 신사 클럽Gentlemen's Club으로 운영되었는데, 1981년 여성의 입회를 허가하면서 상류층의 사교클럽으로 자리잡기 시작했다. 이름 그대로 영국의 자유당Liberal Party 의원들의 비공식 모임을 위해 사용되었다고도 한다. 지금은 정치적인 이념과 상관없이 다양한 분야의 전문가들이 파티와 모임을 기획, 주관하는 고급 사교클럽이다. 이외에도 폴 몰 근처에는 '옥스퍼드와 케임브리지Oxford and Cambridge', '왕립 자동차 클럽The Royal Automobile Club' 등 다양한 사교클럽이 골목 가득 들어서 있다.

　　이곳은 "Simple is best"라는 말이 떠오를 정도로 영국다운 분위기가 물씬 묻어난다. 아쉽게도 일반인의 출입을 금지하고 있어 안으로 들어가 볼 수는 없다. 하지

만 웅장한 르네상스 건축물의 외관을 보는 것만으로도 충분히 기분 좋은 감상이 가능하다. 내부를 보지 못하는 아쉬움을 달래줄 만큼 영화 속에서 표현된 고풍스러운 분위기의 외관을 그대로 느낄 수 있을 뿐만 아니라, 특히나 영화에서 보았던 빨간 버스가 그 앞을 지나갈 때는 정말로 영화 속 한 장면으로 들어온 것 같은 기분마저 들게 한다.

리폼 클럽 뒤로는 왕립공원 중 하나인 '세인트 제임스 파크St. James's Park'가 위치한다. 봄이 되면 벚꽃이 가장 아름답게 피는 공원으로 깔끔하게 정돈된 정원과 호수 위의 다리가 아름답다. 과거에는 왕실 가족의 사냥터로 사용되다가 지금은 일반인들에게도 개방되었는데, 버킹엄 궁전Buckingham Palace과 가장 가까우며 왕실에서

관리를 철저히 하고 있어 갈 때마다 매번 그들의 정원관리 실력에 놀라곤 한다. 특히 3~4월의 따뜻한 봄에는 다양한 색의 벚꽃이 만발해 찬란한 봄의 정취를 느낄 수 있고, 9~11월의 선선한 가을에는 바삭거리는 낙엽으로 가득해 사소한 발걸음 하나, 둘이 우리의 눈과 귀를 모두 즐겁게 만든다. 공원 안을 산책하며 맑은 공기를 마시고 있으면 긍정적인 생각들로 마음이 가득 채워지곤 한다. 지금 와서 생각해보니, 이게 참 맞는 말이다. 고민이 생길 때마다 커피를 사 들고 주야장천 이 공원을 찾아갔으니 말이다. 영화 〈패딩턴〉이 촬영된 리폼 클럽과는 걸어서 5분 정도로 굉장히 가까운 거리에 있으니 커피 한 잔 들고 공원을 거닐며 여유를 느껴보는 것도 좋겠다.

Duel with Facilities(sound track)

헨리가 경비원과 아슬아슬한 심리전을 펼치고 패딩턴이 자료를 찾아 탐험가협회를 빠져나오는 장면에서 들을 수 있는 곡으로, 긴장감을 유발하면서 영화 속 상황을 더욱더 생동감 있게 만들어준다. 청소부 아줌마로 변장한 헨리의 정체가 들킬 듯 말 듯 한, 심장이 콩닥거리는 상황에서는 피아노가 스타카토로 연주되다가 재빠르게 건물을 빠져나와야 하는 상황에서는 빠른 템포의 하모니를 보여주는데, 그야말로 영화 속 장면과 곡의 구성을 일치시켜 관객들이 온전히 영화에 몰입하도록 한다. 영화음악 감독 닉 우라타의 음악적 공감능력을 다시 한 번 실감하는 순간이다.

폴 몰을 마주하고 서서 이 곡을 들으면 고풍스러운 건축물 내부에서 긴장감 가득한 잠입작전을 펼치던 패딩턴과 헨리의 모습을 쉽게 상상해볼 수 있다.

⁺Info

리폼 클럽 Reform Club

- □ **Add:** 104 Pall Mall, St. James's, London SW1Y
  5EW / 피커딜리 서커스 역(Piccadilly Circus
  Station), 세인트 제임스 파크 역(St. James's
  Park Station)에서 도보로 3분
- □ **Tel:** +44-(0)20-7930-9374
- □ **Web:** www.refromclub.com

세인트 제임스 파크 St. James's Park

- □ **Add:** London SW1A 2BJ / 세인트 제임스 파크 역에
  서 도보로 3분
- □ **Tel:** +44-(0)300-061-2350
- □ **Time:** 매일 5:00〜24:00
- □ **Web:** www.royalparks.org.uk

Borough Market

런던의 일상을 엿보다, 버러 마켓

he
says

　　주룩주룩 비가 내리는 런던에서 블랙캡Black Cab, 영국의 전통적인 검은 택시을 타고
브라운 가족의 집으로 향하던 중 패딩턴의 시선이 한 곳에 머문다. 바로 길거리 밴
드가 연주를 펼치던 '버러 마켓Borough Market'이다. 길거리 밴드는 알록달록한 정장을
입고 칼립소Calypso 음악 특유의 경쾌함과 발랄함으로 영화의 분위기를 훈훈하고 더
욱 풍요롭게 한다.

아쉽게도 밴드의 보컬을 맡은 타바고 크루소Tabago Crusoe를 제외하고는 다른 멤버들의 정보는 찾을 수 없었다. 그마저도 타바고 크루소는 빨간색 옷을 입고 칼립소 음악을 하는 아티스트라는 것뿐이다. 그러나 여기서 주목해야 할 것은 밴드 개개인의 신상이 아니라, 그들이 연주한 〈London is the place for me〉라는 노래다. 제목이나 가사만으로도 런던에 갓 도착한 패딩턴에게 너무나 잘 어울리는 곡이지만, 그 역사를 알고 나면 감독이 어떤 의도로 이 장면을 연출했는지 숨은 메시지까지 파악할 수 있기 때문이다.

2차 세계대전 이후 영국이 과거 식민지였던 국가들의 이민을 받아들이면서 전 세계 사람들이 런던으로 몰려들기 시작했다. 이 곡을 작곡한 로드 키치너Lord Kitchener 역시 이민자 중 하나로 트리니다드 출신의 칼립소 음악을 하는 아티스트였다. 실제로 그는 1948년 배를 타고 런던에 도착했을 때 이 노래를 처음 불렀으며, 영국 곳곳을 돌아다니며 공연을 펼쳐 노동이민자들에게 희망과 즐거움을 주려 노력했다고 한다. 이는 마치 영화 속에서 패딩턴이 헨리의 파란 더플코트를 물려받은 것처럼, 로드 키치너의 음악성을 이어받은 타바고 크루소가 음악으로서 타지에서 살아가는 이방인들을 위로하고 희망을 전하려는 듯하다. 이처럼 영화 〈패딩턴〉에는 따뜻하고 훈훈한 가족애를 넘어 진중한 메시지가 숨겨져 있다. 이 점이 영화 〈패딩턴〉이 가지고 있는 진정한 매력이 아닐까 다시금 느낀다.

film locations

도대체 누가 런던의 음식은 형편없다고 소문을 낸 것인가. 보통 런던으로 처음 여행을 오는 사람들 대부분은 런던의 음식에 전혀 기대를 하지 않는다. 하지만 버러 마켓을 한 번이라도 가봤다면 "소문은 그저 소문일 뿐이구나. 내가 오해를 했네" 하며 무릎을 치게 될 것이다. 혹자는 예상치도 못한 맛있는 음식에 반해 손바닥으로 이마를 치게 될지도 모른다.

버러 마켓은 아쉽게도 영화 〈패딩턴〉에서는 2초 남짓의 짧은 시간밖에 등장

하지 않지만, 1276년에 문을 연 런던에서 가장 오랜 역사를 가진 식료품 시장이다. 이곳의 특이한 매력은 식품과 관련된 제품만을 판매한다는 것인데 상인들이 직접 재배하고 기른 신선한 과일, 채소, 고기, 해산물 등의 식재료를 살 수 있어 현지인들에게 인기가 좋다. 그만큼 런던의 일상을 가장 가까운 곳에서 생동감 있게 관찰할 수 있는 곳이기도 하다. 길거리 음식 또한 유명해 관광객들에게도 인기가 많다. 기본적으로 시장에서 판매하는 햄버거, 베이글, 소시지뿐 아니라 스페인 해물 볶음밥 파에야paella, 중동 전통 샌드위치 팔라펠falafel 등 다양하고 맛있는 길거리

음식을 저렴하게 즐길 수 있다. 버러 마켓을 구경하며 먹었던 팔라펠 샌드위치! 쫄깃한 랩 안에 든 싱싱한 새우와 두툼한 돼지고기 패티의 환상적인 궁합을 나는 아직도 잊을 수가 없다.

　　이 밖에도 관광객들을 위해 포장을 잘 해놓은 과일분말이나 오일, 와인 등 다양한 식료품을 팔고 있으니, 제대로 된 런던의 음식 문화를 경험하고 싶다면 런던 최대의 식품 재래시장 버러 마켓을 찾아가도록 하자. 월요일부터 금요일까지는 오전 10시부터 오후 5시(금요일은 6시)까지, 토요일은 오전 8시부터 오후 5시까지 영업을 하며 모든 마켓이 문을 여는 금요일이나 토요일에 방문하는 것이 가장 좋다.

　　버러 마켓의 매력이 아직 한 가지 더 남아 있다. 바로 런던에서 커피가 가장

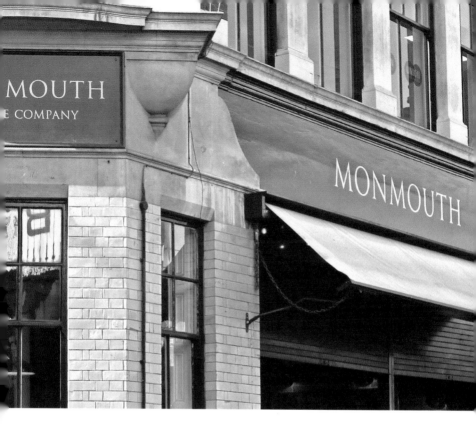

맛있다고 소문난 '몬머스 커피Monmouth Coffee'이다. 본점은 코번트 가든Covent Garden에 있지만 선풍적인 인기로 최근 버러 마켓에 분점이 생겼다.

　　개인적으로 몬머스 커피는 런던에서의 삶이 이따금 권태로워질 때마다 찾는 카페이다. 커피를 배운 적도 없어 제대로 된 맛은 잘 모르지만 몬머스 커피 특유의 진한 원두 향은 내가 처음 런던에 발을 디뎠을 때의 그 설레던 순간을 떠오르게 한다. 몬머스 커피 향은 런던을 향한 설렘을 불러일으키는 각성 효과를 가지고 있는 걸까. 그래서 많은 사람이 몬머스 커피를 찾는 게 아닐까 싶기도 하다. 커피의 가격은 2.5~3파운드로 비교적 저렴한 편이다. 특히 라떼보다는 우유량이 적고 고소한 거품으로 채워진 플랫화이트 커피flat white coffee를 꼭 마셔보기를 권한다.

Music

London is the place for me(sound track)

"런던, 나를 위한 곳
런던, 사랑스러운 도시
프랑스, 미국, 인도, 아시아, 호주
어디를 가더라도
다시 런던으로 돌아갈 거야."

_ 〈London is the place for me〉 가사 중에서

작은 곰 패딩턴이 블랙캡을 타고 비 오는 런던을 가로질러 브라운 가족의 집으로 가는 장면에서 흘러나온 노래다. 디 라임D lime이라는 밴드와 타바고 크루소가 직접 영화에 등장해 연주하고 노래하면서 영화의 풍미를 살리는 역할을 해준다.

이 곡은 영화 속 패딩턴뿐 아니라 런던을 여행하고 있는 수많은 여행자에게도 너무나 잘 어울린다. 생각보다 낯설고 차가운 런던이지만, 또 그만큼 친근하고 따뜻함이 느껴지는 런던. 이 글을 읽고 있는 모든 이가 런던을 아름답게 기억하기를 바라는 마음으로 이 노래를 추천한다. "London is the place for me(런던은 나를 위한 곳이다)."

Info

버러 마켓 Borough Market

▫ **Add:** 8 Southwark Street, London SE1 1TL / 런던 브리지 역(London Bridge Station)에서 도보로 2분
▫ **Tel:** +44-(0)20-7407-1002
▫ **Time:** 월~목 10:00~17:00, 금요일 10:00~18:00, 토요일 8:00~17:00, 일요일 휴무
▫ **Web:** www.boroughmarket.org.uk

몬머스 커피 Monmouth Coffee

▫ **Add:** 2 Park Street, London SE1 9AB / 런던 브리지 역에서 도보로 3분
▫ **Tel:** +44-(0)20-7232-3010
▫ **Time:** 월~토 7:30~18:00, 일요일 휴무
▫ **Web:** www.monmouthcoffee.co.uk

Place 5

Buckingham Palace

영국의 역사와 전통이 숨 쉬는 곳, **버킹엄 궁전**

헨리와의 탐험가협회 잠입작전 이후 패딩턴은 브라운 가족의 일원으로 조금씩 인정받기 시작한다. 그러나 행복도 잠시, 예상치 못한 사건이 생긴다. 패딩턴이 혼자 있다는 소식을 듣고 악당 밀리센트가 패딩턴을 납치하러 브라운 가족의 집으로 몰래 들어온 것이다. 엉뚱하고 예측할 수 없는 패딩턴의 행동에 오히려 당황한 밀리센트는 실수로 부엌에 불을 질러 버리고, 결국 사건 현장의 증거물들을 모조리 가지고 작전상 후퇴를 한다. 밀리센트는 홀연히 떠나고 어이없게도 사고의 모든 책임은 패딩턴에게 돌아간다. 패딩턴은 자기가 한 짓이 아니라고 말해보지만 그를 믿어주는 사람은 한 명도 없다. 방독면을 쓴 밀리센트를 코끼리로 착각하고 코끼리의 짓이라며 변명을 했으니 브라운 가족들도 믿을 수 없는 게 당연하기도 했다.

브라운 가족들에게조차 외면받은 패딩턴은 그날 밤 편지 한 장을 남겨두고 브라운 가족의 집을 떠난다. 하필이면 상처받은 패딩턴의 마음처럼 비가 주룩주룩 내리는 날이었다. 패딩턴은 비를 맞은 채 무거운 발걸음을 옮기며 거리를 떠돌다 한 웅장한 궁전 앞에 도착한다. 바로 영국 왕실의 사무실이자 집인 '버킹엄 궁전 Buckingham Palace'이다.

"브라운 가족들에게,
그동안 돌봐주신 것 정말 감사합니다.
화장실에서 사고치고, 부엌에 불나게 한 건 정말 죄송해요.
탐험가협회의 일도요. 저는 이제 떠나요.
모든 것이 제자리로 돌아가길 바랄게요.
안녕, 패딩턴이"

_ 패딩턴이 브라운 가족의 집을 떠나며 남긴 편지

영화 〈패딩턴〉에서 감독 폴 킹의 연출력은 사소한 장면에서 유난히 돋보인다. 특히, 버킹엄 궁전의 장면에서는 감독의 센스를 느낄 수 있는 사소한 연출이 두 가지나 숨겨져 있다. 첫 번째는 거리를 방황하던 패딩턴이 모자에 숨겨둔 마멀레이드 샌드위치를 꺼내 먹으려고 할 때이다. 패딩턴이 만일을 대비해 아껴둔 마멀레이드 샌드위치를 한 입 베어 먹으려는 순간 비둘기 떼가 등장하는데, 실제로 런던의 공원에 앉아 샌드위치나 감자튀김을 먹고 있으면 콩고물이 떨어지길 바라는 비둘기들과 어김없이 마주하게 된다. 감독은 "런던에는 비둘기가 좀 많아요"라는 사실을 자연스럽고 재치있게 보여준다.

두 번째는 샌드위치와 보온병이 나오던 신기한 근위병의 모자다. 근위병이 자신이 쓰고 있던 비상식적으로 긴 모자에서 샌드위치와 따뜻한 차를 꺼내 패딩턴에게 대접하는 장면은 관객들에게 웃음을 준다. 영화를 보고 난 후 근위병의 모자가 왜 저렇게 기다란지 궁금증이 생겼을지도 모르겠다. 전쟁에서 더 크고 위협적으로 보이기 위해 썼던 이 모자는 1815년 워털루 전투Battle of Waterloo 이후 영국 근위대 승리의 상징이 되었다고 한다. 이처럼 감독은 런던의 상징적인 문화를 영화 안에 자연스럽게 녹여내 영화를 보는 내내 런던을 여행하고 있는 듯한 느낌을 주면서, 영화가 끝난 후에는 당장에라도 런던으로 떠나고 싶게끔 한다.

film
locations

영화 속에서 패딩턴이 근위병 초소에 들어가 샌드위치를 먹던 곳은 버킹엄 궁전이다. 버킹엄 궁전은 영국 왕실의 공식 런던 거주지로 실제로 여왕 엘리자베스 2세Elizabeth II를 비롯해 왕실 가족들이 머문다. 궁전에 여왕이 없을 때는 궁전 정면에 있는 국기게양대에 유니언잭Union Jack, 영국의 국기이 올라가고, 여왕이 있을 때는 여왕의 왕실기가 올라간다.

버킹엄 궁전은 처음부터 왕실 궁전으로 만들어진 것은 아니다. 1703년 버킹엄 공작 셰필드Sheffield의 개인 저택으로 건축한 것을 1761년 샬럿 왕비Queen Charlotte를 위해 조지 3세George III가 비공식 거주 궁전으로 매입을 하고, 이후 조지 4세George IV가 지극히 총애하던 건축가 존 내시John Nash에 의해 1825년부터 수년간의 재건축 공사를 거쳐 지금과 같은 웅장한 모습의 왕실 거주 궁전이 되었다. 그리고 1837년에

빅토리아 여왕Queen Victoria이 처음으로 왕실 업무의 용도로 사용하기 시작하면서 영국에서 가장 중요한 역할을 하는 공식적인 왕실 궁전으로 자리잡게 된다.

물론 관광객들에게는 '근위병 교대식Changing the Guard'이 진행되는 곳으로 더 유명하다. 매번 근위병 교대식이 진행될 때마다 수천 명, 많게는 만 명 이상의 인파가 몰린다고 하니 근위병들의 인기가 버킹엄 궁전을 넘어선다는 말이 실감 나기도 한다. 근위병 교대식은 5월에서 7월 사이에는 매일 진행되지만 그 외에는 격일로 진행되니 일정을 확인하고 방문하도록 하자. 교대식은 오전 11시 30분부터 시작해 1시간 반 정도 소요된다. 근위병들의 제식을 제대로 보고 싶다면 궁 앞에 있는 금색 창살이 가득한 담장에서, 근위병들의 멋스러운 행진을 제대로 보고 싶다면 궁전을 정면으로 바라보고 있는 빅토리아 여왕의 기념비 앞에서 관람하는 게 좋다. 좋은 자리를 선점하기 위해선 적어도 한 시간 전에는 도착해야 한다.

나의 경우 근위병 교대식을 못해도 백 번 정도는 본 것 같다. 가이드라는 직업 때문이기도 했지만 나 역시도 관광객의 입장에서 방문한 적이 많다. 내가 근위병 교대식을 따로 찾아가 볼 만큼 좋아하는 이유는 그곳을 찾아오는 수많은 사람 때문이다. 근위병들의 긴 모자를 보고 눈이 휘둥그레지는 소녀들, 누가 봐도 억지로 끌려와 영혼이 다른 곳에 가 있는 아저씨들, 사랑을 나누는 커플들, 근위병이 탄 말을 보고 놀라는 아이들까지 다양한 사람을 관찰할 수 있는 것은 버킹엄 궁전의 근위병 교

대식이 가지는 숨은 매력이다. 참고로 보통 7월에서 9월 사이에는 궁전의 내부 입장
도 가능하다고 하니 영국 왕실의 생활상에 관심이 있다면 일정을 맞춰 방문해보기
바란다.

Blow Wind Blow(sound track)

〈Blow Wind Blow〉는 브라운 가족의 집을 나온 패딩턴이 비가 오는 어두운 런던 거리를 배회하는 장면에서 흘러나온다. 밴드가 직접 영화 속에 등장해 가장 오랜 시간 연주를 펼쳐 특히나 인상 깊었던 곡이다. 무엇보다 음악에서 느껴지는 구슬픈 울림은 런던 거리에 떨어지는 빗소리와 함께 상처받은 패딩턴의 마음에 더욱 공감하게 한다.

곡의 원곡자는 트리니다드 출신의 피아니스트 겸 작곡가인 라이오넬 벨라스코Lionel Belasco이다. 그는 젊은 시절 카리브 해와 남미를 여행하면서 다양한 음악적 영감을 흡수해 기존의 칼립소 음악과는 다른 그만의 독특한 음악 스타일을 만들어낸다. 실제로 콘서트홀에서 상류층의 무용단을 위한 연주를 주로 하는 등 거리에서 음악을 하던 칼립소 아티스트들과는 다르게 자신만의 음악적 가치관을 형성했다. 그가 작곡한 음악 가운데 오한이 느껴질 정도로 쓸쓸한 분위기의 이 곡은 영화 〈패딩턴〉에서 디 라임과 타바고 크루소에 의해 완벽하게 재해석된다.

버킹엄 궁전 Buckingham Palace

- □ **Add:** London SW1A 1AA / 그린 파크 역 (Green Park Station), 세인트 제임스 파크 역에서 도보로 7분
- □ **Tel:** +44-(0)303-123-7300
- □ **Time:** 성수기 매일 9:30~17:00(보통 7~9월 궁전 내부 입장 가능), 홈페이지 참조
- □ **Web:** www.royalcollection.org.uk

근위병 교대식 Changing the Guard

- □ **Time:** 매일(5~7월) 혹은 격일(8~4월) 11:30~13:00
- □ **Web:** www.changing-guard.com

Alice's Antiques

빨갛고 빨간 골동품 가게, **앨리스 앤티크**

film
story

패딩턴은 페루에서 탐험가에게 받은 빨간색 모자를 가지고 그의 단서를 찾
기 위해 한 골동품 가게를 찾아간다. "네가 패딩턴이구나? 들어가자. 차 마실 시간이
야." 다행히도 백발의 매력을 가진 마음씨 따뜻한 '그루버'가 작은 곰 패딩턴을 반갑
게 맞이해준다. 그루버가 운영하는 골동품 가게는 간판부터 시작해서 모든 것이 온통
빨간색으로 물들어 있다. 특히 매일 오전 11시에 차를 배달해주는 빨간색 기차가 참

매력적이다. 오랜만에 따뜻한 대접을 받은 패딩턴은 그렇게 한참을 빨간 모자에 얽힌 이야기를 듣게 된다.

그러던 중 패딩턴은 지갑을 떨어뜨린 한 남자를 발견한다. "지갑 떨어졌어요, 아저씨!" 패딩턴이 큰 소리로 알려주지만 오히려 남자는 도망을 가버린다. 그가 소매치기라는 걸 알 리 없는 순진무구한 패딩턴은 떨어진 지갑을 들고 남자를 쫓아간다. 그 와중에도 사고뭉치 패딩턴은 시장을 완전히 난장판으로 만들어버린다. 큰 소동 끝에 패딩턴은 지갑 도둑을 잡는 데 성공하고 의도치 않게 소매치기에 시달리고 있던 포토벨로 마켓Portobello Market의 영웅이 된다.

he says

영화 〈패딩턴〉에서 가장 기분이 좋았던 장면은 그루버의 골동품 가게에서 브라운 가족이 소파에 나란히 앉아 탐험가의 비디오를 보던 순간이다. 아이들의 부탁으로 헨리가 탐험가협회에서 비디오를 몰래 훔쳐오고, 그 비디오를 브라운 가족이 다 함께 시청하는 모습은 가족 영화 특유의 훈훈한 분위기를 연출한다. 그리고 '가족'이라는 단어의 의미를 다시 한 번 생각하게 만들기도 한다.

어쩌면 감독은 이 장면을 통해 가족의 행복은 물질적인 성과를 위한 노력만으로 만들어지는 것이 아니라 그저 가족과 함께 시간을 보내는 과정에서 자연스럽게 만들어지는 것이라고 말하고 있는 게 아닐까. 치열한 경쟁사회에서 주위를 돌아볼 새도 없이 너무나 바쁘게 살아왔고 또 살아가면서 가족의 진정한 역할과 의미를 놓치

고 있는 우리 자신을 돌아보게 한다.

나 역시도 마찬가지다. 조금이라도 빨리 성공해서 부모님께 좋은 것을 사드리고, 해외여행도 보내드리고, 효도해야겠다는 생각에 앞만 바라보고 열심히 달리다 부모님께 상처를 주기도 했다. 그 시절 어머니께선 전화를 걸어와 이런 말을 하곤 하셨다. "저녁에 아들 좋아하는 김치찌개 해줄까?" 그러면 나는 항상 이렇게 대답했다. "나 오늘 저녁 먹고 들어가." 단지 함께 소중한 시간을 보내고 싶은 마음뿐이셨을 텐데. 얼마나 부모님께 상처를 드렸을지 지금 생각해도 마음이 아프고 후회가 된다.

가끔은 혼자서 열심히 뛰어가던 길을 가족과 함께 손을 잡고 산책하듯 걸어가는 것도 좋지 않을까. 지겹고, 힘들고, 나를 지치게 만들던 길이 누구와 함께 걸어가느냐에 따라 찬란하고, 아름답고, 희망차게 바뀔 수도 있으니 말이다.

"몸은 집에서 멀리 떨어졌지만,
마음은 오랫동안 집을 떠나지 못했어.
나는 그때 알았지. 집은 잠자는 곳 이상이라는 것을."

_ 골동품점에서 그루버가 패딩턴에게 하는 말

영화 속 그루버의 가게로 촬영된 곳은 '앨리스 앤티크Alice's Antiques'라는 이름의 골동품점이다. 런던에서 가장 유명한 골동품 거리 포토벨로 마켓의 구석진 곳에 위치한 앨리스 앤티크는 1887년을 시작으로 지금까지 오랜 전통을 이어오고 있다. 구석진 곳에 있는데도 불구하고 장이 서는 토요일에는 찾는 사람이 너무 많아 한 번 둘러보기도 힘들 정도로 유명세를 치르고 있다. 화요일부터 토요일까지 문을 여니 제대로 둘러보고 싶다면 토요일은 피하는 게 좋다.

이곳은 골동품이나 예술품에 남다른 관심이 있는 사람이라면 꼭 찾아서 가볼 만하다. 먼지가 쌓인 오래된 나침반, 사람 머리보다 큰 망원경, 한쪽 바퀴가 없는 자전거, 발가벗은 여인이 그려진 그림, 누군가가 정성스럽게 쓴 오래된 일기 등 가치

를 가늠하기 어려운 진기하고 재밌는 물
건들이 여기저기 가득 쌓여 있다. 더욱 재
밌는 점은 갖가지 골동품은 누군가 그냥
대충 던져놓은 것처럼 순서와 규칙도 없
이 도대체가 정리가 안 되어 있다. 하지만
되레 내게는 그 모습이 더 특별하고 가치
있게 느껴지기도 했다. 게다가 가게에서
일하는 목소리가 아주 큰 백발의 할머니
는 너무 친절하고 사랑스러워 앨리스 앤
티크만의 분위기를 더한다.

　　다만, 가게 내부 촬영은 금지되어
있으니 주의하도록 하자. 로컬 시장에서

예술품 사진을 찍어가 그대로 만들어 판매하는 사람이 늘어나면서 촬영에 관해선 굉장히 예민한 반응이다. 그 큰 목소리로 사진 찍는 사람들을 혼내는 모습이 살짝 무섭기도 하니 조심하는 것이 좋겠다.

　　앨리스 앤티크를 나온 후에는 포토벨로 마켓을 돌아보는 게 좋다. 영화 〈노팅 힐〉 편에서 자세하게 소개할 테지만 이곳은 골동품과 청과물 시장으로 유명하다. 골목골목 공연을 선보이는 밴드의 음악 수준도 심상치 않으니 과일을 한 바구니 사서 한껏 여유를 부리며 길거리 공연을 보는 것을 적극 추천한다.

Music

Thief Chase(sound track)

제목 그대로 사고뭉치 패딩턴이 골동품 가게 앨리스 앤티크에서 지갑 도둑을 발견하고 그를 뒤쫓는 장면에서 등장하는 음악이다. 스케이트보드를 타고, 경찰 모자를 쓰고, 호루라기를 불어대면서 도둑과 추격전을 벌이는 패딩턴의 예측할 수 없는 독특한 매력과, 추격전이라는 상황에 어울리는 긴장감을 모두 살려주는 역할을 한다.

특히 멜로디의 주를 이루는 금관악기의 연주는 영화 속 패딩턴의 호흡과 정확히 일치해 보는 이로 하여금 추격전이라는 상황에 더욱 몰입할 수 있게 해준다. 단, 스릴러 영화에서나 볼 수 있는 손에 땀을 쥐게 하는 그런 긴장감은 아니니 오해는 말자. 어쨌든 〈Thief Chase〉는 영화에 풍미를 확실히 더해주면서 귀여운 패딩턴의 엉뚱한 매력을 볼 수 있는 완벽한 추격전을 완성해주고 있다.

앨리스 앤티크 Alice's Antiques

- **Add:** 86 Portobello Road, London W11 2QD / 노팅 힐 게이트 역(Notting Hill Gate Station)에서 도보로 10분
- **Tel:** +44-(0)20-7229-8187
- **Time:** 월~금 10:00~18:00, 토요일 8:00~18:30, 일요일 휴무

포토벨로 마켓 Portobello Market

- **Add:** Portobello Road, London W11 1LA / 노팅 힐 게이트 역, 래드브룩스 그로브 역 (Ladbroke Grove Station)에서 도보로 10분
- **Time:** 월~수 9:00~18:00, 목요일 9:00~13:00, 금~토 9:00~19:00, 일요일 휴무
- **Web:** www.portobellovillage.com

Place 7

52 Downshire Hill

여기가 몽고메리 클라이드 씨 댁인가요, **다운셔 힐 52번지**

브라운 가족의 집을 나온 패딩턴은 탐험가를 찾아 런던을 떠돌게 된다. 전화 번호부에서 찾은 Mr. 클라이드의 주소로 찾아가 보지만 '몽고메리 클라이드'라는 이름을 가진 탐험가를 찾기란 쉽지가 않다. 모건 클라이드, 마지리 클라이 등 수많은 클라이드를 만나고 Mr. 클라이드 주소 리스트 중 마지막 남은 하나의 집 앞에 도착한다. 패딩턴은 불안한 마음으로 초인종을 누른다. "혹시, 여기가 몽고메리 클라이드 씨 댁인가요?" 다행스럽게도 집 안에 있던 한 여자의 대답이 들려온다. "제 아버지예요. 추운데 어서 들어오세요." 패딩턴은 고맙다는 말을 연신 하며 반가운 마음으로 집으로 들어간다.

하지만 탐험가의 딸로부터 몽고메리 클라이드가 세상을 떠났다는 소식을 듣게 되고, 미래가 막막해진 패딩턴은 실망감을 감추지 못한다. 그러나 이내 탐험가의 딸은 패딩턴을 안심시키며 말한다. "걱정 마세요. 제가 당신을 보살펴줄게요. 저와 함께 새로운 집으로 가요." 그렇게 패딩턴은 탐험가의 딸과 함께 차를 타고 어딘가로 떠난다. 박제사TAXIDERMIST라고 적힌 차를 타고.

영화에서 패딩턴을 납치하고 박제하기 위해 호시탐탐 기회를 노리는 악당 박제사 밀리센트 역은 할리우드 최고의 여배우 니콜 키드먼Nicole Kidman이 연기했다. 그녀는 카리스마 넘치는 금발의 단발머리에 도도한 표정으로 아름답지만 섬뜩한 악역 연기를 완벽히 소화해내면서 기존의 여신 이미지를 뛰어넘는 악역 연기자로 재평가받는다. 사실 연기뿐만 아니라 미모에도 놀라지 않을 수가 없다. 그녀는 영화를 찍을 당시 47세라는 나이에 어울리지 않을 정도의 놀라운 동안 외모에 잔주름과 잡티 하나 없는 깨끗한 피부로 많은 여성의 부러움을 샀다. 영화 속에서 그녀가 등장할 때마다 모든 시선이 집중될 정도였으니 말이다.

그녀가 영화 〈패딩턴〉에 출연하게 된 계기는 무엇일까? 그녀는 자신의 아이들과 함께 볼 수 있는 작품을 찾던 중 마이클 본드의 《내 이름은 패딩턴》이 영화화된다는 소식을 들었다고 한다. 어릴 적부터 패딩턴을 보고 자란 팬으로서, 그리고 아이들의 바람을 위해 영화 출연을 결정한 것이다. 가족 영화 〈패딩턴〉과 참 잘 어울리는 훈훈한 출연 계기란 생각이 든다. 물론 도도하고 치명적인 매력을 보여준 밀리센트와는 전혀 상반되지만 말이다.

탐험가의 딸 밀리센트의 집으로 촬영된 '다운셔 힐 52번지52 Downshire Hill'를 둘러볼 차례다. 영화 〈노팅 힐〉 편에서 자세히 소개할 햄스테드 히스Hampstead Heath 근처의 한 골목이기도 하다. 런던 중심에서 대중교통을 이용해 30분 정도 가야 하는데, 영화 속에서는 36번지로 나오지만 실제로는 52번지에서 촬영되었다.

이곳은 검은색 문이 달린 빨간색 벽돌집이 영화 속 그대로 남아 있다. 영화의 사운드 트랙을 들으며 52번지를 가만히 보고 있으니 작은 곰 패딩턴이 금방이라도 문을 열고 나올 것만 같았다. 우연히 비가 오는 날 찾아간다면 비가 주룩주룩 내

리던 차갑고 어두운 날 패딩턴이 탐험가의 집 초인종을 누르던 장면이 떠오를 것 같기도 하다. 그만큼 영화의 분위기가 온전히 남아 있어 영화 속 장면을 쉽게 회상하며 제대로 된 감상을 할 수가 있다.

　　다운셔 힐 52번지 근처에는 녹색의 숲이 펼쳐진 평야와, 런던의 전망을 한눈에 볼 수 있는 매력적인 언덕을 가진 '햄스테드 히스'가 있다. 3분만 걸어가면 될 정도로 가까운 곳에 있으니 시간이 된다면 가보기 바란다. 도시 속의 광활한 자연을 만끽할 수 있다.

허기진 배를 채우기 위해 나의 발걸음은 펍으로 향했다. 다운셔 힐 52번지에서 5분 정도 떨어진 '프리메이슨 암즈The Freemason Arms'라는 이름의 파스텔 톤의 하늘색 건물이 아주 매력적인 곳이다. 파란 하늘이 보이는 테이블에 앉아 수제버거와 맥주를 먹는다면 내 제안이 틀리지 않았음을 바로 느낄 것이다. 따뜻하고 바삭한 감자튀김과 시원한 맥주의 환상적인 조합은 아직도 잊히지 않는다. 가격은 맥주와 햄버거를 합쳐서 20파운드 정도로 저렴한 편은 아니지만 깔끔한 음

식과 함께 여유로운 시간을 보내기에는 제격
이다. 음식과 맥주는 지인들에게 추천하고 싶
을 정도로 만족감이 높았으며, 특히 내가 찾아
간 오후 시간에는 손님이 다소 적어 조용한 분
위기에서 여유를 즐길 수 있어서 좋았다. 커피
와 티 종류도 팔고 있으니 늦은 아침 혹은 점
심의 한가한 티타임이 필요한 사람이라면 주
저 말고 방문하도록 하자.

Music

Ringing Doorbells (sound track)

청량한 피아노 소리와 현악기가 내는 가냘픈 선의 소리가 아름다운 하모니를 이루는 〈Ringing Doorbells〉. 가득 피어있는 안개 사이로 날이 밝아 오는 런던의 서늘한 아침과 무척이나 잘 어울리는 곡이다. 브라운 가족의 집을 나온 패딩턴이 탐험가 몽고메리 클라이드를 찾아 런던을 떠도는 장면에서 들을 수 있다.

이 곡이 가진 특유의 밝고 맑은 음악적 감성은 "혹시, 여기가 몽고메리 클라이드 씨 댁인가요?" 하고 외치던 패딩턴의 모습을 더욱 귀엽고 순수하게 만들어주는 역할을 하기도 한다. 그래서인지 이 곡을 들으면 빨간 모자에 파란 코트를 입은 사고뭉치 패딩턴의 모습이 선명히 그려지곤 한다. 더욱이 탐험가의 딸 밀리센트의 집 앞에서 듣고 있노라면 패딩턴이 정말로 나타날 것만 같은 기분이 들 정도로 영화 속 장면이 또렷이 스쳐 지나간다. 꼭 다운서 힐 52번지 계단에 앉아 이 곡을 들어보기를 추천한다.

"당신 같이 귀한 곰은
거리를 방황하면 안 돼요.
특별한 집으로 안내해줄게요.
당신도 분명 좋아할 거예요."

_ 몽고메리 클라이드를 찾아온 패딩턴에게 밀리센트가 하는 말

다운셔 힐 52번지 52 Downshire Hill

- □ **Add:** 52 Downshire Hill, Hampstead, London NW3
  1PA / 햄스테드 역(Hampstead Station), 벨사
  이즈 파크 역(Belsize Park Station)에서 도보로
  10분

프리메이슨 암즈 The Freemasons Arms

- □ **Add:** 32 Downshire Hill, Hampstead, London
  NW3 1NT / 다운셔 힐 52번지에서 도보로
  5분
- □ **Tel:** +44-(0)20-7433-6811
- □ **Time:** 월~토 11:00~23:00, 일요일 12:00~22:30
- □ **Web:** www.freemasonsarms.co.uk

Place 8

Natural History Museum

박물관은 살아 있다, 런던 자연사 박물관

film
story

헨리를 비롯한 브라운 가족들은 패딩턴이 집을 나가고 나서야 패딩턴이 그저 페루에서 온 작은 곰이 아닌 그들의 가족이라는 걸 깨닫는다. "네가 가족들을 필요로 하는 만큼 가족들도 패딩턴을 필요로 하는 거야." 버드 할머니의 말처럼 말이다. 하지만 대도시 런던에서 집 나간 작은 곰을 찾기란 쉽지가 않다. 그러던 중 브라운 가족의 집으로 한 통의 전화가 걸려 온다. "패딩턴이 밀리센트에게 납치됐어!" 다름 아닌 옆집에 살고 있는 커리의 전화였다.

커리에게 패딩턴이 박제되기 위해 자연사 박물관으로 납치되었다는 소식을 전해들은 브라운 가족은 그 즉시 패딩턴을 구출하기 위해 박물관으로 향한다. 하지만 굳게 닫힌 문 때문에 박물관 밖에서 배회하게 되고, 다행히 그 순간 주디의 기발한 아이디어로 하수구를 통해 박물관 내부로 들어갈 수 있게 된다. 이때 버드 할머니는 경비실에 남아 경비원을 철저히 마크하면서 브라운 가족이 무사히 박물관으로 들어갈 수 있게 도와준다.

he
says

브라운 가족이 처음으로 화합을 이루던 자연사 박물관에서의 패딩턴 구출작전은 긴장감 넘치는 명장면일 뿐만 아니라 영화가 전하고자 하는 가장 중요한 메시지를 담고 있는 장면이기도 하다. 영화는 표면적으로는 패딩턴이 탐험가를 찾아가는 여정을 그리고 있지만, 실질적으로는 패딩턴이 브라운 가족의 일원이 되는 것으로 마

무리된다. 그리고 패딩턴이 브라운 가족의 일원이 되는 가장 결정적이고도 핵심적인 사건이 바로 패딩턴 구출작전이다. "하지 마"라는 말을 제일 많이 하던 헨리는 오히려 아들 조너선이 걱정을 할 정도로 사고를 일으키는 사고뭉치가 되고, 까칠했던 주디는 남자친구를 집으로 데리고 와 엄마에게 소개해주는 등 패딩턴 구출사건을 통해 브라운 가족은 화목이 넘치는 진정한 가족으로 거듭난다.

결국, 영화 〈패딩턴〉이 보내는 메시지는 사람이든 동물이든, 흑인이든 백인이든, 어른이든 아이든 서로를 인정하고 배려한다면 누구든지 소중한 가족이 될 수 있다는 것이다. 또한 패딩턴의 이야기를 들어보지도 않고 의심부터 한 브라운 가족이 소중한 패딩턴을 잃을 뻔했던 것처럼 상대방을 대할 때는 편견이라는 색안경을 끼고 판단하지 말아야 한다는 진중한 메시지까지 전하고 있다. 이처럼 영화 안에 자연스럽게 전하고자 하는 메시지를 녹여낸 폴 킹 감독의 섬세한 연출력은 원작을 성공적으로 영화화했다는 평가를 받기에 충분하다.

film
locations

영화 속에서 밀리센트가 패딩턴을 박제하기 위해 납치해온 곳은 런던의 '자연사 박물관Natural History Museum'이다. 실제로 박물관 측에서는 패딩턴의 영화화를 환영하고 적극적으로 돕겠다는 마음의 표시로 5일간 촬영팀에게 박물관을 전면 개방해주었다고 한다. 헨리 역의 배우 휴 보네빌은 "자연사 박물관에서의 촬영은 매우 특별한 경험이었고, 그 장면은 영화에 놀라운 분위기를 실어주면서 영화의 완성도를 높였다"라며 박물관 측에 감사를 표하기도 했다. 영화 속에서 '찰스 다윈의 갈라파고스', '쿡 선장의 호주 캥거루', '스콧 대령의 남극 황제펭귄' 등 수많은 박제 표본을 소장하고 있던 런던 자연사 박물관은 실제로도 7천만 종이 넘는 생물표본, 화석, 광석 등 역사 · 과학적으로 가치가 무한한 소장품을 최대 규모로 전시하고 있다.

자연사 박물관은 크게 세 구역으로 나뉜다. 먼저 레드 존Red Zone은 사람 및 화산, 지진에 관한 소장품을 전시한다. 과학 지식을 재밌는 실험을 통해 직접 체험해

볼 수 있는 곳으로 능동적으로 참여하게 하는 전시방법이 인상적이다. 다음은 공룡
부터 시작해서 포유동물까지 지구 상의 모든 생물표본을 볼 수 있는 블루 존Blue Zone
이다. 흡사 영화 〈쥐라기 공원Jurassic Park〉에 나올 것만 같은 공룡들이 가득해 어린아
이들에게 인기가 많다. 사실 자연사 박물관이 독특하고 색다른 매력을 가지는 이유

는 바로 이 블루 존에 있는 진짜보다 더 진짜 같은 동물표본들 덕분이다. 마지막으로 식물에 관한 소장품을 전시하고 있는 그린 존Green Zone이 있다. 식물의 다양한 진화 과정을 식물표본과 함께 영상으로 배울 수 있다.

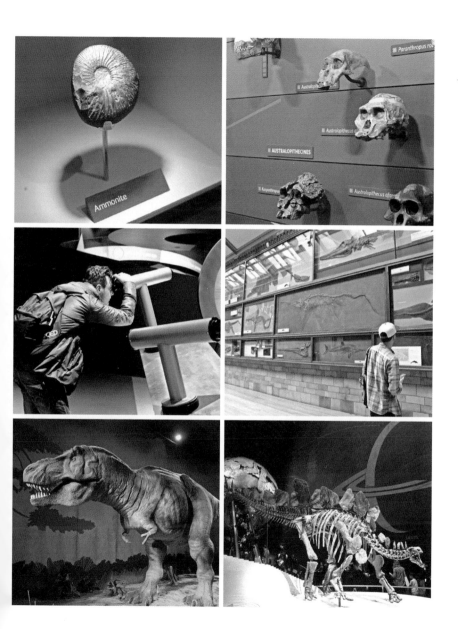

영화 속에서 패딩턴이 밀리센트의 마취총을 피해 디플로도쿠스Diplodocus, 25~27미터 크기의 초식공룡 위를 뛰어다니는 장면은 박물관 입구 쪽에 위치한 힌츠 홀Hintze Hall에서 촬영되었다. 아쉽게도 디플로도쿠스는 2017년 힌츠 홀의 재공사로 더 이상 볼 수 없으며, 대신 지금은 25미터의 거대한 흰수염고래가 영롱한 신비로움으로 힌 츠 홀을 가득 채우고 있다. 홀에 들어서 흰수염고래를 처음 마주했을 때 나는 마치 가는 햇살이 들어오는 깊은 바다에 들어온 듯 숨이 가빴다.

　　책이나 교과서에서만 보던 암모나이트, 오스트랄로피테쿠스 유골 등 다양
한 유물을 직접 볼 수 있는 런던 자연사 박물관은 세계적으로 유명한 만큼 런던에
오면 꼭 한 번은 방문해야 할 곳이다.

Escape from Milicent (sound track)

금발의 악당 밀리센트가 패딩턴이 도망친 사실을 알아채고 마취총을 들고 패딩턴을 쫓아가는 장면에서 깔리는 곡이다. '밀리센트로부터 도망가기'라는 제목에서 느껴진 듯 영화에 긴장감을 더해준다. 자연사 박물관에서 패딩턴과 밀리센트의 추격전을 상상하고 싶다면 이 노래를 꼭 들어보도록 하자. 영화에서처럼 패딩턴이 디플로도쿠스의 뼈다귀 위로 나타날지도 모르니 말이다.

혹 버드 할머니의 활약으로 훈훈하게 끝나는 마지막 장면이 인상 깊었다면 〈He is family〉라는 곡을 추천한다. 헨리가 총을 든 밀리센트 앞에서 패딩턴은 브라운 가족이라고 말하는 감동적인 장면에서 흘러나와 가족의 소중함을 한 번 더 음미하게 한다.

"어디서 왔는지는 상관없어요.
사람이 아니라 곰이라 해도 상관없어요.
우린 패딩턴을 사랑하고, 패딩턴을 가족처럼 생각해요.
그리고 가족은 항상 함께해야 하죠.
당신이 패딩턴을 데리고 가겠다면
차라리, 우리 모두를 데려가요."

_ 박물관 옥상에서 총을 들고 위협하는 밀리센트에게 헨리가 하는 말

Info

런던 자연사 박물관 Natural History Museum

- **Add:** Cromwell Road, Kensington, London SW7 5BD / 사우스
  켄싱턴 역(South Kensington Station)에서 도보로 5분
- **Tel:** +44-(0)20-7942-5000
- **Time:** 매일 10:00~17:50(무료입장)
- **Web:** www.nhm.ac.uk

"

그럼,
지금 시작해.

"

_ 하고 싶은 일이 있다는 테사에게 조이가 하는 말

〈나우 이즈 굿〉, 2012
감독: 올 파커
출연: 다코타 패닝(테사), 카야 스코델라리오(조이), 제러미 어바인(아담)

Location Map

27 Preston Street

마치 한 폭의 수채화 같은, **프레스턴 스트리트 27번지**

> "지금, 바로 이 순간
> 여기에 내가 있다."
>
> _ 테사가 거울을 보며 하는 혼잣말

"지금, 바로 이 순간 여기에 내가 있다." 영화 〈나우 이즈 굿〉은 백혈병에 걸려 시한부 삶을 살아가고 있는 '테사'의 독백으로 시작한다. 영화가 전하고자 하는 현재라는 순간의 중요성을 암시하는 대사 같기도 하다. '바로 지금이 좋다'는 이 영화의 제목처럼 말이다.

테사는 자신이 백혈병이라는 사실을 알게 된 후 죽기 전에 해야 할, 일명 위시리스트를 만든다. 그중 대부분은 도둑질, 마약, 싸움, 무면허 운전 등 불법적인 것투성이다. 이러한 그녀의 행동에서 일탈을 갈망하는 전형적인 16살의 철없는 모습과 죽음을 받아들이기에는 너무 어린 또 다른 16살의 억울함을 동시에 발견할 수 있다. 그러던 어느 날, 테사는 리스트 중 하나인 섹스를 경험하기 위해 클럽에 간다. 원나이트 스탠드가 능숙해 보이는 친구 '조이'와는 달리 테사는 처음 본 남자와 키스를 하는 것조차 어렵다. 게다가 테사의 파트너는 상대방에 대한 매너와 배려 없이 오직

자신의 감정과 욕구에만 충실한 남자였다. 테사는 아무리 삶이 얼마 남지 않았다지만 첫 경험을 누군가의 욕정을 채워주기 위해 하고 싶지는 않았다. 결국 그녀는 키스를 멈추고 자리를 박차고 나온다.

테사가 알 수 없는 표정으로 집을 나와 바다를 향해 뛰어가는 장면은 한 폭의 수채화처럼 강한 인상을 남긴다. 다만, 한 가지 의문이 들었던 점은 '왜 테사를 뛰게 만들었을까'였다. 백혈병에 걸린 소녀에게 1분 30초나 뛰게 하는 건 가혹한 처사가 아닌가.

영화를 반복해서 보고 또 오랜 고민 끝에 어렴풋이나마 감독의 의도를 알게 되었다. 테사는 환상 속의 과거에서 현실 속의 현재를 향해 뛰어가고 있는 것이다. 절망 가득한 환상 속의 과거에 머물러 현재를 제대로 살아가지 못하는 것은 지금이라는 순간을 낭비하는 일이다. 실제로 이 장면은 CG로 처리되어 테사가 뛰어가는 동안 영상은 수채화처럼 표현되다가 현실로 돌아오자 다시 원래대로 전환된다. 결국이 연출도 마찬가지로 영화의 큰 주제인 현재의 중요성을 말하고 있다. 이와 같이 영화 〈나우 이즈 굿〉은 관객들에게 직접 정답을 보여주기보다는 질문을 던지며 끊임없이 생각하고 고민하게 만든다.

영화 〈나우 이즈 굿〉은 배우이자 작가인 제니 다우넘Jenny Downham의 소설 《Before I Die》를 영화화한 것으로 영국 출신의 감독 올 파커Ol Parker가 연출을 맡았다.

영화의 오프닝 장면은 브라이턴Brighton의 '프레스턴 스트리트 27번지27 Preston Street'
에서 촬영되었는데, 영상을 수채화 혹은 애니메이션처럼 전환하는 연출법으로 관객
들이 영화에 흥미를 가지도록 돕고 있다. 실제로도 수채화 못지않은 아름다운 도시
브라이턴을 보다 독특하고 개성 있게 담아낼 수 있었던 것은 이 같은 훌륭하고 참신
한 연출법 덕이다.

　　　이곳은 개인적으로 다른 데에 비해 더 큰 기대감을 가지고 찾아갔다. 촬영
지의 실제 모습은 어떤지, 영화에서처럼 정말 한 폭의 그림 같은지 궁금했기 때문이
다. 한편으로는 영화 촬영지를 소개하는 입장에서 걱정이 되기도 했다. 런던에서 멀
리 브라이턴까지 왔는데 영화 속 장면의 흔적조차 찾아볼 수 없다면 너무 허무할 테
니 말이다.

　　　다행히도 나는 두 가지 감동과 마주했다. 첫 번째는 특별 영상 처리된 수채
화 같은 장면이 실제로도 존재한다는 것이다. 바다가 보이는 한적한 거리와 그 거리
에 들어서 있는 카페와 식당들이 영화 속 모습 그대로였다. 그제야 나는 모든 불안을
내려놓고 안도했다. 특히 테사가 문을 열고 나오던 집 근처의 카페와 스치듯 보이는
스테이크 하우스는 간판도 바뀌지 않았을 정도로 똑같았다.

두 번째는 예상치 못한 한식당의 발견이었다. 프레스턴 스트리트에서 한참을 사진을 찍고 다음 장소로 이동하려는 찰나에 'Korean Barbeque'라는 익숙한 단어가 눈에 들어왔다. 알고 보니 이곳은 베트남, 중국, 타이완, 일본, 한국 등 아시아 음식으로 유명한 거리라고 한다. 나는 허기진 위장을 한식으로 채울 수 있겠다는 들뜬 마음으로 '비나리Binary'라는 한식당에 들어가 짜장면을 먹었다. 우연히 발견한 한식당이라 그런지 그곳에서 먹은 짜장면은 아직도 기억을 더듬으면 군침이 돌 정도로 맛있었다. 김치찌개나 볶음밥 같은 메인메뉴는 9~12파운드 정도로 다소 가격이 높은 편이다. 하지만 세븐 시스터즈Seven Sisters에서 지옥의 트래킹을 해야 했던 나에게 미리 주는 상이라 변명하며 배가 터지도록 먹었다.

배를 두둑하게 채우고 식당을 나와 5분쯤 걸으니 푸른 바다가 보였다. 기대보다 걱정을 많이 했던 프레스턴 거리에서 바다를 보며 한참을 멍하니 서 있었다. '참, 기분 좋은 출발이구나.'

Music

Blue Jeans (sound track)

힙스터Hipster란 대중적인 주류의 흐름에서 벗어나 자신들만의 새로운 문화를 만들어내는 부류를 나타내는 말로, 많은 사람이 라나 델 레이Lana Del Rey를 수식할 때 사용한다. 그녀는 공포스러울 정도로 우울하고 출처를 알 수 없는 몽환적인 느낌의 음악과 홀리는 듯한 관능적인 목소리로 전 세계 대중을 사로잡았다. 〈Blue Jeans〉는 그녀의 2집 앨범《Born to Die》에 수록된 노래로 영화 〈나우 이즈 굿〉의 오프닝 장면에서 사용되었다. 도박에 빠진 남자를 사랑하는 자신의 이야기를 바탕으로 만든 노래로 그녀의 색을 순수하게 잘 보여준다.

이 노래는 수채화 같은 연출 장면과 어우러지면서 이 영화의 최대 장점인 영상미를 완성시키는 데 큰 역할을 한다. 한편, 노래 가사는 테사와는 전혀 매치가 되지 않는데 감독이 원나이트 스탠드에 실패한 테사에게 지독한 사랑 노래를 매치한 이유는 무엇일까? 사실 테사가 원했던 건 단순히 성욕을 해결하기 위한 하룻밤이 아니라 진정한 사랑이라는 것을 말해주기 위해서가 아니었을까.

+Info

프레스턴 스트리트 27번지 27 Preston Street

▫ **Add:** 27 Preston Street, Brighton BN1 2HP / 브라이턴 피어 역
(Brighton Pier Station)에서 도보로 10분, 브라이턴 역
(Brighton Station)에서 도보로 15분

비나리 Binari Korean Restaurant

▫ **Add:** 31 Preston Street, Brighton BN1 2HP
▫ **Tel:** +44-(0)12-7356-7004
▫ **Time:** 화~토 11:30~22:30, 일요일 11:30~21:00
▫ **Web:** www.binarikorean.com

Kensington Garden

브라이턴의 빈티지 천국, **켄싱턴 가든**

film
story

"누나가 죽으면 휴가 갈 수 있는 거야?" 생일인데도 선물 하나 받지 못한 테사의 동생 '칼'이 아빠에게 한 말이다. 백혈병으로 죽어가는 누나 앞에서 생각 없이 심한 말을 내뱉은 것은 맞지만, 한편으론 그 철없는 행동이 이해가 되기도 한다. 나도 저 나이에는 생일 파티만 바라보고 긴 일 년을 버티고 기다렸으니 말이다.

　동생에게 미안한 마음이 든 테사는 칼을 데리고 시장으로 간다. 테사는 칼이 평소에 갖고 싶어 하던 드론부터 시작해서 양손 가득 선물을 사주고도 "더 갖고 싶은 건 없어?"라며 계속 묻는다. 테사는 직감적으로 동생의 생일을 챙겨줄 수 있는 마지막 기회라고 느끼고 자기가 해줄 수 있는 것은 뭐든지 해주고 싶었던 게 아니었을까. 칼은 이 상황이 기쁘기도 하면서 불안하다. "돈은 어디서 났는데?" 칼의 질문에 왜 당연한 걸 물어보냐는 듯 테사는 대답한다. "신용카드" 물론 나중에 카드의 주인은 아빠로 밝혀진다.

"네가 하고 싶은 리스트 중 내가 해줄 수 있는 게
하나도 없다는 사실이 정말 괴롭구나."

_ 아버지가 테사에게 하는 말

　　사실 가장 힘든 시간을 보내고 있는 사람은 백혈병에 걸린 테사가 아닌 그녀의 아버지다. 그는 아내와는 별거 중인 데다 백혈병에 걸린 딸은 항상 사고만 저지르고 다닌다. 그럼에도 포기하지 않고 항상 딸과 소통하려 노력한다. 하지만 돌아오는 건 차가운 시선과 대답뿐. 게다가 그의 아내, 그러니까 테사의 엄마는 테사의 상태가 얼마나 심각한지도 모르고 있으니 그에게는 누구 하나 기댈 사람이 없다. 모든 것을 혼자 감당해오던 그는 결국 딸 앞에서 무너지고 만다. "너 없이 살 수 없어. 아빠도 데려가, 제발…." 항상 근엄하고 가부장적인 태도를 보이던 그가 딸에게 기대 목놓아 울며 흐느끼는 모습에서 자식을 향한 아버지의 마음이 고스란히 전해진다.

　　내가 영화 〈나우 이즈 굿〉을 좋아하는 이유는 일부러 눈물을 쥐어 짜내려 하지 않고 자연스럽게 감정에 공감하게 하는 연출 때문이다. 테사의 고통스러운 투병 과정이나 죽음에 대한 두려움에 눈물을 흘리는 테사의 모습만 보더라도 자극적이고 직접적이지가 않다. 보는 사람으로 하여금 스스로 생각하게 만들어 자연스러운 여운을 남기는 올 파커 감독의 세련된 연출 방식이 참 마음에 든다.

　　브라이턴을 제대로 느끼기 위해서는 골목골목을 돌아다녀야 한다. 구수한 빵 냄새가 풍기는 베이커리 카페가 모인 골목에서부터 각 나라의 골동품을 파는 골목, 사람들이 가득한 시장 골목까지 정말 다양한 종류의 골목이 있다. 영화에서 테사가 동생에게 선물을 사주던 골목은 브라이턴의 유명한 구제시장으로 알려진 '켄싱턴 가든Kensington Garden'이다. 보통 남방은 5~10파운드, 코트는 15~40파운드 정도면 구입할 수 있어 잘만 고른다면 저렴한 가격에 괜찮은 쇼핑을 즐길 수 있다. 이 외에도 LP와 각종 앨범을 파는 음반가게, 액세서리 가게, 아프리카 전통기념품 가게 등 다양한 상점이 골목 가득 자리하고 있어 볼거리가 굉장하다. 현지인들에 둘러싸여 로컬

마켓의 분위기를 제대로 느낄 수 있는 신선한 경험이 될 테니 꼭 둘러보기 바란다.

　　노팅 힐과 브라이턴의 시장을 비교해보자면, 노팅 힐은 골동품 상점이 대부분을 차지하고 브라이턴은 예술에 관련된 상점이 대부분을 차지하고 있다. 특히 브라이턴에서는 패션이나 음악 관련 상점을 어느 골목에서든 서너 개 정도는 쉽게 찾을 수 있다. 많은 관광객이 브라이턴을 리조트와 휴양이 유명한 해안도시로 알고 있지만, 사실 브라이턴은 독특한 예술과 음악이 가득한 젊음이 살아 있는 도시다. 활발히 활동 중인 영국의 인디 밴드와 DJ들이 공연을 펼치는 클럽과 재즈바, 황량한 도시의 빈 곳을 채워주는 그라피티, 거리의 악사들이 보여주는 수준 높은 공연은 브라이턴이 예술의 도시라는 것을 증명해주고도 남는다.

Fix You

　처음엔 테사가 동생의 선물을 사주던 켄싱턴 가든의 빈티지함과 어울리는 노래를 생각하다가, 고민 끝에 테사의 아버지를 위한 곡을 추천하기로 했다. 바로 영국의 국민밴드 콜드플레이Coldplay의 〈Fix You〉이다.

　이 노래에는 콜드플레이의 보컬 크리스 마틴Chris Martin의 사연이 담겨 있는데 아버지를 잃고 힘들어하는 아내를 위로하기 위해 쓴 곡이라고 한다. 실제로 노래 속 오르간 소리는 아내의 아버지가 생전에 연주하던 오르간을 직접 연주한 것으로 알려져 있다. 지금은 항상 콜드플레이 콘서트의 마지막을 장식하는 명곡이 되어 전 세계적으로 큰 사랑을 받고 있다. 가사를 보면 사랑하는 사람을 잃고 상처받은 사람들의 마음에 공감하는 표현이 많다. 그중 내가 특히나 좋아하는 소절을 실어본다. "I promise you I will learn from your mistake(너의 실수를 통해 배워가겠다고 약속할게)."

　나는 여행을 하든 글을 쓰든, 무엇을 하든 실수를 참 많이 하는 편이다. 사람은 누구나 실수를 한다지만 문제는 실수를 하고 낙담해버린다는 데 있다. 사람들에게 털어놓지 않고 모두 혼자 짊어지는 성향이라 주위에서는 내가 얼마나 힘들어하는지 잘 모르는 경우가 많다. 하지만 신기하게도 음악은 굳이 말하지 않아도 나를 위로해준다. 그래서 나의 여행에 있어 음악이 언제나 함께하는 게 아닌가 싶기도 하다. 이 글을 읽고 있는 여러분도 나의 추천 음악을 듣고 상처받은 마음이 조금이나마 치유되었으면 하는 바람이다.

켄싱턴 가든스 7번지 7 Kensington Gardens

□ **Add:** 7 Kensington Gardens, Brighton BN1 4AL /
　　　브라이턴 역에서 도보로 5분

Place 3

Brighton Pier
푸른 바다 위의 놀이농산, **브라이턴 피어**

film
story

　　'썸'이란 남녀 간의 미묘한 관계를 표현하는 말이다. 테사는 유일한 친구 조
이의 썸남을 만나러 가기 위해 그가 일하고 있다는 놀이공원으로 함께 간다. 그는 다
름 아닌 지난번 클럽에서 만난 조이의 원나이트 스탠드 파트너 '스콧'이다. 조이는
그 만남 이후로 진지한 관계를 원하고 있지만 스콧은 조이가 부담스러운지 그녀를

계속 피해 다닌다. 이런 스콧의 태도가 불만인 조이는 그를 '찌질이'라고 부르기도 하지만 속마음은 다르다. 그녀는 자신이 스콧을 사랑하는 만큼 사랑받지 못해 항상 불안하다. 테사와 함께 놀이공원에 온 것도 한 번이라도 그를 더 보고 싶은 마음에서 이다.

　한편 그저 조이를 따라온 테사는 놀이공원에서 뜻밖의 누군가를 만나게 된다. 지난번 클럽에서 만난, 다시는 볼 생각이 없었던 테사의 파트너다. 잠자리 매너가 없던 그 녀석 말이다. 썩 내키진 않았지만 지난번 일이 계속 마음에 걸렸던 테사는 그에게 사과를 한다. 그런데 오히려 그는 자신의 잘못이라며 신중하지 못했다고 테사에게 사과를 해온다. 테사는 그의 태도가 갑자기 변한 것이 조이가 자신의 병을 말했기 때문이라고 생각하고 화를 내며 집으로 돌아가 버린다.

영화 〈나우 이즈 굿〉에서 개인적으로 가장 좋아하는 배우는 조이 역의 카야 스코델라리오Kaya Scodelario이다. 그녀의 치명적인 관능미와 퇴폐미는 뭇 남성들을 홀리는 능력이 있다. 영국 드라마 〈스킨스Skins〉에 출연해 주목을 받기 시작했고, 영화 〈나우 이즈 굿〉에서는 테사의 하나밖에 없는 친구 조이를 연기했다. 조이는 테사가 사건이 가득한 위시리스트를 만들도록 부정적인 영향을 주는 인물이자 그 위시리스트를 함께하는 유일한 친구이기도 하다.

감독은 둘의 밀접한 관계를 통해 탄생과 죽음이라는 하나의 구도를 연출한다. 조이는 생각지도 않은 임신을 하게 되자 낙태를 결심하는데, 시한부인 테사는 조이의 결정을 쉽게 받아들이지 못한다. 서로의 의견은 좁혀지지 않고 둘은 한동안 탄생과 죽음 사이에서 큰 갈등을 겪는다. 이 장면을 보는 내내 수많은 질문이 내 머릿속을 가득 채워놓았다. '상황이 어쩔 수 없다면 낙태란 괜찮은 것인가?' '진정한 친구란 무엇인가?' 영화는 자칫 딱딱할 수 있는 질문들을 자연스럽게 던져준다.

'브라이턴 피어Brighton Pier'는 브라이턴에서 가장 유명한 관광명소라고 할 수 있다. 1823년 '올드 체인 피어Old Chain Pier'라는 이름으로 처음 만들어졌다가 태풍으로 훼손되어 1889년에 재건축이 되었고, 이후 1905년부터 놀이기구가 하나씩 들어오면서 사람들의 관심을 받기 시작했다. 현재는 536미터의 긴 부두 위에 놀이공원, 오락실, 카페, 식당, 펍 등 여러 시설이 집중적으로 자리하고 있어 관광객들이 끊이지 않는다.

실제로 가보면 놀이기구는 10~15개 정도로 생각보다 많은 개수는 아니다. 놀이기구의 높이나 속도도 그다지 높은 편은 아니다. 하지만 어디선가 들려오는 정체불명의 삐걱대는 소리가 간담을 서늘하게 하기도 한다. 마치 우리나라의 월미도에

서 나사가 서너 개 빠진 듯한 바이킹을 타는 느낌이랄까. 진정한 스릴을 즐기고 싶다면 한 번 정도는 경험해보는 것도 좋을 것이다. 자유이용권은 20파운드, 놀이기구를 한 번 탈 수 있는 가격은 4~6파운드 정도다. 이곳에는 엄청난 규모를 자랑하는 오락

실도 있는데 우리나라와는 또 다른 영국만의 독특한 오락실 문화를 느낄 수 있어 신선하다.

　　물론 브라이턴 피어의 가장 큰 매력은 경치이다. 휴대용 의자 덱 체어Deck chair가 구비되어 있어 푸른 바다를 바라보며 여유를 즐기기에 더없이 좋다. 나 역시 의자에 앉아 바다를 바라보며 커피를 마셨던 순간이 가장 기억에 남는다. 커피 향 사이로 바다의 향기가 더해지면 브라이턴을 여행하고 있다는 걸 다시금 실감하게 해

준다. 지금도 브라이턴에서 찍은 사진들을 볼 때면 그곳의 바람과 냄새가 한없이 그리워지곤 한다. 연인이나 친구들과 함께 브라이튼 피어를 방문하게 된다면 맥주 하나 들고 의자에 앉아 바다 경치를 보며 여유로운 시간을 보내도 좋을 것 같다.

Pink Skies

이번에는 내가 좋아하는 뮤지션의 노래를 추천하려 한다. 레이니LANY는 감성 일렉트로니카 음악을 하는 훈남 3인조 밴드로 이름에서부터 미국의 느낌이 나는데, 로스앤젤레스LA와 뉴욕NY의 감성을 모두 담는다는 의미로 붙여졌기 때문이다. 가장 유명한 노래 〈ILYSB〉는 'I Love You So Bad'의 줄임말이라고 하니 그들의 음악이 얼마나 매력적인지는 들어본 사람만이 안다. 그들의 앨범 중 브라이턴 피어의 자유로운 바다의 찬란함을 느낄 수 있는 완벽한 음악이 있다. 바로 〈Pink Skies〉이다.

이 노래의 흥겨운 비트와 몽환적인 보컬의 목소리는 귀를 사로잡고, 매력적인 전자악기의 하모니는 마음을 사로잡는다. 무엇보다 푸른 바다 위 생기가 넘치는 브라이턴 피어와는 환상적인 조합을 이룬다고 자신 있게 말할 수 있다. 실제로 브라이턴 피어의 석양이 지는 바다 위 의자에 앉아 분홍빛 하늘을 보며 이 노래를 들었을 때, 마음에 가득 찬 걱정과 근심이 시원한 바람에 날아가 버렸다. 나는 아무 생각도 하지 않고 오래도록 의자에 앉아 이 노래를 수없이 반복해서 들었다. 그때의 분홍빛 하늘과 시원한 바람은 이 노래를 들을 때마다 생생하게 되살아난다. 예술과 문화의 도시 브라이턴과 정말 잘 어울리는 음악 〈Pink Skies〉를 브라이턴 어디에서든 한 번은 꼭 들어보기를 바란다.

Info

브라이턴 피어 Brighton Pier

- **Add:** Madeira Drive, Brighton BN2 1TW / 브라이턴 역에서 도보
  로 15분
- **Tel:** +44-(0)12-7360-9361
- **Time:** 월~금 10:00~21:00, 토~일 10:00~22:00(홈페이지 참조)
- **Web:** www.brightonpier.co.uk

Place 4

Seven Sisters

일곱 개의 하얀 절벽, **세븐 시스터즈**

film
story

어느 날 갑자기 테사는 옆집에 살고 있는 '아담'을 찾아간다. 마침 오토바이를 수리하고 있던 아담에게 테사는 오토바이를 태워달라고 부탁한다. 아담은 오토바이를 타는 일보다 더 중요한 일이 있다며 그녀를 어디론가 데려간다. 둘은 파란 버스를 타고 한참을 걸어 파란 하늘과 푸른 바다가 보이는 언덕에 도착한다. 초록색 잔디로 뒤덮인 언덕 위의 의자에 앉아 둘은 처음으로 깊은 대화를 나눈다.

"겁나지 않아?" 아담의 질문에 테사는 말한다. "사람들은 병에 걸리면 용감해질 거라고 생각하지만 사실 그렇지 않아. 늘 살인마에게 쫓기고 있는 기분이야." 이 영화에서 가장 인상 깊었던 대사로 그 여운이 아직까지도 선명하게 남아 있다. 무덤덤하면서도 겸허하게 죽음을 받아들일 것만 같던 테사도 실은 항상 걱정하고, 불안해하고, 두려웠던 것이다. 그녀는 자신이 흔들리면 가족과 친구들이 힘들어질 거란 걸 잘 알고 있기에 속내를 드러내지도 털어놓지도 못했던 것이다. 그런 테사가 아담에게만은 자신의 속내를 드러낸 이유는 그녀가 유일하게 기대고 싶은 사람이기 때문일 것이다.

he
says

영화는 테사의 환각 속에서 끝이 난다. 친구 조이는 딸아이를 낳고, 그녀의
가족들은 다시 함께 살게 되고, 그녀는 아담과 함께 석양이 지는 언덕 위 의자에 앉
아 같은 곳을 바라보고 있다. 하지만 꿈속에서의 달콤한 순간이 지나갈수록 그녀의
의식은 점점 희미해진다. 마침내 테사의 의식은 완전히 사라지고, 그녀의 독백이 흘
러나온다.

나는 사실 책을 내기 위해 글을 쓰기 시작했다. 그 과정은 생각보다 길었고
즐겁지도 못했다. 성과 역시 당연히 좋지 못했고 자존감은 바닥을 쳤다. 다행스럽게

도 영화 〈나우 이즈 굿〉을 보고 내가 출판이라는 미래에 눈이 멀어 현재라는 순간을 낭비하고 있음을 깨달았다. 그날 이후로 순간에 집중하기 위해 글쓰기를 즐기기 시작했다. 출근하는 지하철에서 마주 앉은 할머니의 모습을 글로 묘사해보기도 하고, 부모님께 감사의 마음을 담아 편지를 써보기도 하고, 경치가 아름다운 언덕에 앉아 시를 써보기도 했다. 차츰 글 쓰는 속도와 표현이 좋아지게 되고 글쓰기 자체가 즐거워졌다. 현재라는 순간에 집중하자 나만의 길이 보이기 시작한 것이다.

　　현재의 순간에 집중하기란 말처럼 쉽지 않다. 치열한 경쟁사회에서 살아남아야 하는 상황에서 수치와 성과를 포기하기란 어려운 일이다. 그럼에도 내가 여전히 글을 쓰고 있는 이유는 순간의 소중함을 알기 때문이다. 여행을 하며 글을 쓰는 일은 외롭고 힘들지만 지금이 아니면 할 수 없는 일이라는 걸 나는 잘 알고 있다. 순간의 소중함을 알지 못하면 삶은 생각보다 빠른 속도로 저만치 멀어져 간다. 추억으로 가득한 10대, 꿈에 대한 열정으로 가득한 20대, 미래에 대한 고민이 가득한 30대 우리가 그리워하는 그 날들처럼 말이다. 글을 쓰고 있는 소중한 현재의 순간이 나의 찬란한 청춘으로 기억되리란 믿음으로 나는 지금도 열심히 펜을 움직인다.

film locations

영화 〈나우 이즈 굿〉에서 가장 아름답게 표현된 촬영지는 단연 '세븐 시스터즈 Seven Sisters'이다. 테사와 아담이 처음으로 진지한 대화를 나눈 곳으로 초록색 잔디로 가득 찬 언덕과 푸른 바다. 청량하고 맑은 하늘에 그려진 솜사탕 같은 구름은 마지막 2퍼센트 부족한 영상미를 20퍼센트 이상 채워준다. 죽기 전에 꼭 봐야 할 정경 중 하나로 꼽힐 만큼 푸른 바다 위의 하얀색 언덕은 놀라우리만치 아름답다. 사실 세븐 시스터즈에서 촬영된 장면들은 주인공들의 대화에 포커스가 맞춰지는 바람에 배경은 선명하게 보이지 않는데도 불구하고 관객들의 시선을 강탈한다. 브라이턴에서 이스트본 Eastbourne 으로 가는 12번, 12X번 버스를 타고 1시간 정도 가면 '세븐 시스터즈 파크 Seven sisters Park '에 당도한다.

드넓은 초원의 공원에는 동화 속에 나올 법한 양 떼가 뛰어다니고 호수 위에는 백조가 떠다닌다. 멀리 보이는 바다에서는 시원한 바람이 불어오고, 이슬을 머금은 풀에서는 상쾌한 냄새가 나고, 친절하게 미소를 지어주는 사람들까지. 이보다 더 행복할 수는 없다. 공원 입구에서 정상까지는 빠른 걸음으로 1시간 정도 소요된다. 트래킹 코스가 생각보다 만만치 않으니 편한 복장이 좋다. 나의 경우 숙소에 문제가 생겨서 짐이 가득 든 무거운 가방을 메고 올랐는데 정말 힘들었다. 하지만 정상에 도착하니 모든 피로가 거짓말처럼 사라졌다. 언덕 위에 앉아 넓게 펼쳐진 푸른 바다를 마주하니 아무 생각도 들지 않았고, 마음에는 평화와 안정이 찾아왔다.

그렇게 한참을 바다 어딘가에서 불어오는 바람을 온몸으로 느끼며 여유를 즐기다 이내 정신을 차리고 영화 속 테사와 아담이 앉았던 그 의자를 찾기 시작했다. 아쉽게도 의자는 촬영을 위해 잠시 설치되었다가 철거되었다고 한다. 그래도 영화 속의 아름다운 배경과 로맨틱한 분위기는 그대로 남아 있어 의자에 앉아 테사가 아

담을 바라보며 대화를 나누던 장면은 쉽게 그려볼 수가 있다.

    세븐 시스터즈는 내셔널 트러스트National Trust, 자연과 문화유산 보호활동을 하는 영국의 민간단체에서 관리하고 있어 철저하게 보존을 위해 노력 중이다. 쓰레기 등을 버리지 않도록 조심하자. 참고로 인터넷 연결이 되지 않으니 출발 전 교통수단 등 관련 정보를 미리 알아보고 가는 게 좋다.

    마지막으로 세븐 시스터즈를 제대로 즐길 수 있는 나만의 팁을 소개해볼까

한다. 일곱 개의 언덕을 모두 넘어가면 '벌링 갭Buring Gap'이라는 숨은 핫플레이가 나
온다. 작은 카페와 관광안내소가 있으며 와이파이Wi-fi 서비스도 제공된다. 카페 외부
에 비치된 테라스에서 세븐 시스터즈를 바라보며 커피나 차를 마셔도 좋고, 출출함
을 달래줄 수프나 파이도 준비되어 있으니 놓치지 말자.

Music

Aquamarine (sound track)

뮤지션 헤더 노바Heather Nova는 북대서양에 위치한 수백 개의 작은 섬으로 이루어진 버뮤다라는 곳에서 태어났다. 그녀는 그곳에서 대부분의 어린 시절을 보낸 영향으로 음악을 통해 바다에 대한 감성과 개성을 자주 표현하곤 한다. 특히 물Aqua 과 바다Marine를 상징하는 보석 '아쿠아마린Aquamarine'이라는 제목의 곡은 그녀의 밝고 몽환적인 색을 잘 보여주는데, 영화 〈나우 이즈 굿〉에서 세븐 시스터즈를 배경으로 사용되었다.

이 곡은 푸른 바다 위 일곱 개의 언덕 세븐 시스터즈와 잘 어울릴 뿐만 아니라 시작부터 끝까지 일정하게 들리는 강한 베이스 선율과 속삭이듯 들리는 그녀의 목소리가 대조되어 영화 속 주인공들의 설레는 감정을 극대화한다. 세븐 시스터즈에 앉아 이 음악을 들으니 기분 좋은 바닷바람에 실려 영화 속 장면이 떠올라 한동안 깊은 여유를 즐길 수 있었다.

"삶은 계속되는 거야.
하고 싶은 일이 뭐야? 꿈은?"

_ 언덕 위 의자에 앉아 태시가 아담에게 하는 말

세븐 시스터즈 Seven Sisters

ㅁ **Add:** 브라이턴에서 12번, 12X번 버스를 타고 세
   븐 시스터즈 파크에서 하차(1시간 소요)

Brighton & Royal Pavilion

잠시 쉼이 필요할 때, **브라이턴 & 로열 파빌리온**

film locations

    1750년 조지 4세의 주치의 리처드 러셀Richard Russell은 이렇게 말한다. "바닷물에서 수영을 하고 바닷물을 마시면 모두 건강해질 수 있다." 이 말을 듣고 통풍으로 고생하던 조지 4세와 수많은 부유한 환자가 브라이턴으로 몰려들었다. 각종 리조트와 편의시설이 브라이턴에 들어서기 시작했고, '로열 파빌리온Royal Pavilion' 역시 조지 4세를 위한 별장으로 지어졌다. 1850년 브라이턴의 시의회가 빅토리아 여왕으로부터 로열 파빌리온을 사들이면서 일반인에게도 개방한 덕분에 지금은 관광객들에게 많은 사랑을 받는 관광명소가 되었다.

로열 파빌리온의 외부는 인도의 고딕양식, 내부는 중국의 고전양식으로 지어져 일종의 오리엔탈리즘이 느껴지는 궁전이다. 유난히 동양 문화에 관심이 많았던 조지 4세의 흔적과 당시 왕족들의 생활상을 관찰할 수도 있다. 입장료는 15파운드로 브라이턴 박물관 입장료도 포함한다. 2층 카페 테라스에서는 소소하게 티타임을 즐길 수 있으니 참고하도록.

그렇다면 현재 브라이턴은 어떤 도시일까? 브라이턴은 18세기 이후 왕족들과 귀족들이 모이기 시작하면서 리조트와 편의시설이 들어서 지금은 영국 최대의 해변 휴양지가 되었다. 특히 여름철에는 서핑이나 해수욕을 즐기기 위해 엄청난 인파가 몰려든다.

브라이턴은 독특한 문화와 예술의 도시로도 굉장히 유명하다. 바다가 보이는 거리에는 기타를 들고 노래를 하거나 그림을 그리는 사람들로 가득한데, 특히 거리의 악사들이 보여주는 음악 수준은 우리의 예상을 훨씬 뛰어넘는다. 라이브 음악을 좋아한다면 펍이나 재즈바를 추천하고 싶다. 저녁이 되면 로컬 밴드의 개성 있는

라이브 음악을 들으며 맥주를 마실 수도 있어 브라이턴의 온전한 매력을 느낄 수 있다. 물론 EDM이나 힙합을 좋아하는 사람들을 위한 클럽도 있다. 이처럼 문화와 예술이 살아 숨 쉬는 생기 넘치는 도시 브라이턴. 휴식과 환기가 필요한 이들에게 꼭 추천하고 싶은 도시다.

"너와 함께하고,
너와 함께하기.
그리고,
너와 함께하기."

_ 바다를 바라보며 테사가 아담에게 하는 말

런던에서 브라이턴으로 가는 방법은 두 가지가 있다. 첫 번째는 기차를 타고 가는 것이다. 빅토리아 역 Victoria Station 혹은 런던 브리지 역 London Bridge Station에서 기차를 타고 1시간 30분 정도 가다 보면 브라이턴 역 Brighton Station에 도착한다. 브라이턴에서 대중교통을 이용할 때는 오이스터 카드 Oyster card, 런던의 교통카드를 사용할 수 없다는 점을 주의하자. 세븐 시스터즈에 가기 위해 버스를 탈 계획이라면 브라이턴 역 앞에 있는 트래블 센터 Travel Centre에서 원데이 세이버 One day Savor라는 버스티켓을 사는 게 좋다. 요금은 4.8파운드로 종일 버스를 이용할 수 있다. 기차의 경우 해당 역에서 단체(4명 이상)로 표를 사면 할인(단체 기준 왕복 12파운드 정도)을 받을 수 있다.

두 번째는 버스를 타고 가는 방법이다. 버스는 홈페이지를 이용하면 쉽게 예약할 수 있는데 개인이나 소수로 움직일 때 좋다. 빅토리아 코치 역 Victoria Coach Station에서 출발해 2시간 정도 소요되며 왕복 15파운드 정도다. 나는 버스를 타고 브라이턴을 다녀왔는데 런던으로 돌아올 때 출발이 30분 정도 지연되었다. 찾아보니

브라이턴에서 런던으로 돌아오는 버스는 자주 지연이 되고 문제가 많은 듯했다. 인터넷 카페나 SNS 등을 통하면 일행을 쉽게 구할 수 있으니 되도록 사람을 모아 기차를 이용하는 것을 권한다.

　　브라이턴을 제대로 즐기기 위해서는 최소 1박 2일, 시간이 넉넉하다면 2박 3일 정도를 투자해도 좋을 것이다. 나는 1박 2일 동안 머물렀는데 세븐 시스터즈를 방문하고 나니 브라이턴을 돌아볼 시간이 조금 부족했다. 숙박은 에어비앤비airbnb를 자주 이용하는 편이며 리뷰와 평점을 보고 신중하게 예약하면 안전하게 숙박이 가능하다.

브라이턴 Brighton

□ **Add:** 빅토리아 역 혹은 런던 브리지 역에서 기차로 1시간 30분, 빅토리아 코치 역에서 버스로 2시간 소요(홈페이지 참고)
□ **Web:** www.nationalexpress.com

로열 파빌리온 Royal Pavilion

□ **Add:** 4/5 Pavilion Buildings, Brighton BN1 1EE / 브라이턴 역에서 도보로 10분
□ **Tel:** +44(0)30-0029-0900
□ **Time:** 매일 10:00~17:15
□ **Web:** www.brightonmuseums.org.uk

iFLY Indoor Skydiving,
Basingstoke

인생에 한 번쯤, iFLY 실내 스카이다이빙, 베이싱스토크

"나도 하늘을 날아보고 싶어." 동생의 마지막 소원을 들어주기 위해 테사는 칼을 데리고 실내 스카이다이빙을 하러 간다. 성인들도 처음엔 힘들어하는데 칼은 겁도 없이 잘도 날아다닌다. 동생이 즐거워하는 모습에 덩달아 기분이 좋아진 테사가 갑자기 헬멧을 집어 든다. 칼은 아빠한테 혼이 날 거라며 누나를 말려보지만 한번 마음먹은 테사를 말릴 수 있는 사람은 아무도 없다.

실내 스카이다이빙을 하는 테사의 표정은 영화에서 비춰진 모습 중 가장 행복해 보였다. 그리고 아름다웠다. 촌스러운 유니폼에 괴상한 안경, 머리보다 큰 헬멧을 쓰고 있었지만 그녀의 파란 눈은 오히려 더욱 돋보였다. 테사가 하늘을 나는 모습은, 마치 허물을 벗고 나온 나비가 날개를 털고 세상과 처음 마주하며 날아다니는 장면이 연상될 정도로 아름답고 순수했다.

사실 영화 촬영지를 여행하고 있는 입장에서 이 장면은 다른 의미로 굉장히 흥미롭기도 했다. 영화 촬영지를 여행하면 직접 몸으로 체험해 볼 수 있는 기회가 많지 않은데, 실내 스카이다이빙을 하러 갈 생각을 하니 도무지 흥분을 감출 수가 없었기 때문이다. 심지어는 이런 생각을 하기도 했다. "실제로 다이빙을 하는 것도 아니고, 실내 스카이다이빙인데 뭐." 나는 가끔 근거 없는 자신감으로 넘칠 때가 있는데, 그게 바로 이때였다.

"누나는 괜찮아요,
이대로 끝내기 아쉬운 것뿐이에요."

_ 실내 스카이다이빙을 하는 데사를 보고 칼이 하는 말

실내 스카이다이빙은 생각보다 쉽지 않다. 일단 영국에서 실내 스카이다이빙을 할 수 있는 곳은 맨체스터Manchester, 베이싱스토크Basingstoke, 밀턴 케인즈Milton Keyens 세 곳이다. 나는 런던에서 가장 가까운 베이싱스토크로 다녀왔다. 런던 워털루 역Waterloo Station에서 기차를 타고 1시간 정도 가야 하며 요금은 왕복 23파운드 정도다. 베이싱스토크 역Basingstoke Station에서는 보라색 셔틀버스를 타고 10분 정도 이동하면 커다란 'iFLY' 건물을 찾을 수 있다. 버스 요금은 2.3 파운드로 현금을 따로 준비해야 한다.

실내 스카이다이빙을 체험하기 위해선 먼저 바우처를 확인하고 간단한 서류를 작성한 후 사전교육을 30분 정도 받는다. 10분간은 시청각 자료를 보고, 20분은 주의사항과 시범을 보여주며 자세를 교정해준다. 교육이 끝나면 차례대로 강한

바람이 나오는 통 안으로 들어가 스카이다이빙을 체험하는데 생각보다 무섭고 어려웠다. 초보자는 시범 조교들이 같이 들어가 잘 날 수 있도록 도움을 주지만 제대로 한 번 날기도 쉽지 않다. 같이 간 친구들은 운동신경이 좋아서 곧잘 했지만 나는 두 번째 시도 만에 30초 정도 날아볼 수 있었다. 체험 후에는 사진과 영상을 유료로 다운받아 볼 수도 있는데 당시 영상을 볼 때마다 나는 배를 잡고 웃는다. 영화같이 아름다운 장면을 기대하기는 힘들지만 영국에서 특별하고 재밌는 추억을 쌓고자 한다면 한 번쯤은 경험해보는 걸 추천한다.

베이싱스토크 역 앞에는 백화점 '더 몰The malls'이 있다. 식품, 가전, 의류 등의 다양한 브랜드가 들어서 있는 굉장히 큰 규모의 백화점으로 쇼핑을 좋아하거나 필요한 물건이 있다면 둘러보는 것도 좋다. 나는 쇼핑을 좋아하는 편은 아니어서 잠시 둘러보고는 '플라잉 타이거 코펜하겐Flying Tiger Copenhagen'으로 들어갔다. 우리나라 다이소 같은 팬시 상점으로 상품의 디자인이 제법 세련된 편이다. 그중 노트나 다이어리, 색연필 같은 문구류는 아기자기하고 귀여워 기념품을 구입하기 위해 많은 사람이 방문한다.

Wings (sound track)

더스틴 오 할로란Dustin O'Halloran은 미국 출신의 모던 클래식 아티스트로 그룹 데익스Deyics에서 얼터너티브, 즉 기존의 주류 사운드를 거부하는 성향의 음악을 하다가 앨범《Piano solos Vol. 1》을 발매하면서 뉴에이지 솔로 피아니스트로 이름을 알리게 된다. 그는 피아노 연주만으로 슬픔과 환희, 우울, 사랑 등 여러 가지 감정을 꾸미지 않고 솔직하게 표현한다. 최근에는 영화와 광고에서도 두각을 나타내고 있는데, 특히 영화 〈라이크 크레이지Like Crazy〉의 사운드 트랙은 한국에서도 화제가 되었을 정도로 전 세계적으로 많은 사람이 그의 음악을 찾는다.

2011년에는 영화 〈나우 이즈 굿〉의 사운드 트랙 작업에 참여했고, 그중 〈Wings〉는 테사가 실내 스카이다이빙을 할 때 흘러나온다. 서글픈 바이올린으로 시작해 전조가 변하면서 밝은 피아노 소리가 멜로디의 주를 이루는데, 듣다 보면 번데기 시절의 고통과 인내를 견뎌내고 세상으로 자유로이 날아가는 나비가 떠오른다. 실제로 이 곡을 들으며 영화 속 장면을 상상하니 순간순간 테사가 정말 나비처럼 내 머릿속을 날아다니는 것만 같았다.

"정말 하늘을 날 수 있으면 좋겠어."

_ 선물로 받은 드론을 날리며 같이 하는 혼잣말

iFLY 실내 스카이다이빙, 베이싱스토크
iFLY Indoor Skydiving, Basingstoke

- □ **Add:** Basingstoke Leisure Park, Euskirchen Way, Basingstoke RGG 6PG / 워털루 역에서 기차를 타고 베이싱스토크 역에서 하차 후 CS번 버스를 타고 레저 파크(Leisure Park)에서 하차(총 1시간 30분 소요)
- □ **Tel:** +44-(0)84-5331-6549
- □ **Time:** 매일 9:00~23:00 (가격은 홈페이지 참조)
- □ **Web:** www.iflyworld.co.uk

더 몰 The malls

- □ **Add:** Castle Square, Churchill Way East, Basingstoke RG21 7QU / 베이싱스토크 역에서 도보로 1분
- □ **Tel:** +44-(0)12-5646-8892
- □ **Time:** 월~토 9:00~18:00, 일요일 10:00~17:00
- □ **Web:** www.themalls.co.uk

Deptford High Street

TESSA TESSA TESSA, 뎃퍼드 하이 스트리트

친구와 연인 사이의 아슬아슬한 줄타기를 하던 어느 날, 아담은 테사에게 처음으로 공식적인 데이트를 신청한다. 그리고 테사는 한순간의 고민도 없이 대답한다. "Now is Good." 너무 서두를 필요 없다는 아담과는 달리 지금 당장 데이트를 하고 싶은 테사는 옷을 갈아입고 나오겠다며 집으로 뛰어 들어간다. 정성스레 화장을 하고 우아한 옷을 골라 입고 거울을 보는데 갑자기 그녀의 코에서 피가 쏟아진다. 비명을 듣고 올라온 아담은 테사의 모습에 충격을 받고 패닉 상태에 빠진다. 가까스로 테사는 엄마와 함께 구급차를 타고 병원으로 향하는데, 여전히 충격에서 벗어나지 못하는 아담을 보는 테사의 눈에는 안타까움과 미안함이 그득하다.

병원에서 응급조치를 마치고, 다음 날 집으로 돌아오는 길에 테사와 가족들은 또 다른 'TESSA'를 발견한다. 길거리의 다리, 간판, 건물 등 수없이 많은 곳에 테사의 이름이 그라피티로 새겨져 있는 게 아닌가. 테사는 자신의 이름을 발견하곤 순수한 아이 같은 미소를 지으며 말한다. "아담이야. 아담이 나를 위해 온 세상에 내 이름을 남겨 준거야." 테사는 아담과 위시리스트에 대한 얘기를 하다가 이 세상에 자신의 이름을 남기고 싶다고 지나가듯 말한 적이 있다. 아담은 테사에게 아무 도움도 되지 못한 것에 대한 자책과 반성 그리고 그녀를 향한 간절한 마음을 표현하기 위해 지난 새벽 동안 그녀의 이름을 거리에 남긴 것이다.

"아담이야.
아담이 나를 위해
온 세상에 내 이름을 남겨 준거야."

_ 병원에서 집으로 가는 차 안에서 테사가 하는 말

'TESSA'의 이름이 가득하던 '뎃퍼드 하이 스트리트Deptford High Street'는 런던 남동쪽 2존과 3존 경계에 있다. 영화에서처럼 사람이 많지 않은 동네 재래시장 느낌의 골목이다. 이곳의 '뎃퍼드 마켓Deptford Market'은 관광객들 사이에선 유명하지 않지만 청과물, 해산물, 육류 등의 신선한 재료가 일품인 지역 시장이다. 날이 어두워지면 저녁 식재료를 사러 오는 주민들로 붐빈다. 영화 속 장면처럼 길거리가 온통 그라피티로 가득하지는 않지만, 귀여운 넥타이를 매고 분홍색 셔츠를 입은 빌딩이라든지 골목골목 특이한 모양의 그라피티를 찾아볼 수 있는 의외로 볼거리가 많은 곳이다.

'뎃퍼드 라운지Deptford Loundge'라는 일종의 지역문화센터와 같은 유용한 시설도 있다. 1층 로비에는 도서관을 비롯해 카페, 피시방 등의 편의시설이 있으며 여행자들도 이용이 가능하다. 잠시 머물러 일정도 체크하며 편하게 쉬기에 제격이니 여행 중 잠깐의 휴식이 필요하다면 뎃퍼드 라운지를 찾아가 보자.

정신없이 시장을 돌아다니다 보면 출출함이 찾아온다. 나는 근처의 '포 하노이 PHO HANOI'라는 베트남 식당으로 들어갔다. 메뉴가 너무 많기도 하고 복잡해서 종업원에게 추천을 받았다. 쌀국수가 가장 유명하다는 말에 소고기 쌀국수를 주문했다. 특유의 향이 은은하게 나는 국물과 쫀득한 육질의 소고기는 정말 최고였다. 런던에서 6파운드로는 절대 쉽게 경험할 수 없는 가성비 최고의 음식이었다.

만족스러운 식사를 마치고 버스를 타고 '그리니치 파크Greenwich Park'를 찾았다. 뎃퍼드 마켓에서 20분 정도 소요되는 가까운 곳이다. 런던의 왕립공원 중 하나로, 세계시간을 결정하는 본초자오선의 기준점인 '그리니치 천문대Greenwich observatory'가 있다. 지금은 더 이상 천문대의 역할은 하지 않고 박물관으로서 관광객들의 관심을 받고 있다. 입장료는 성인 기준 9.5파운드로 박물관 안의 유물 수를 생각해보면 다소 비싼 가격이다.

사실 그리니치 파크는 박물관보다는 런던 시티를 한눈에 볼 수 있는 경치가 좋은 공원으로 유명하다. 천문대 앞의 전망대에 올라서면 모던함이 매력적인 런던 금융의 중심지인 뱅크 시티의 높은 빌딩들과, '퀸스 하우스Queen's House'와 '국립 해양박물관National Maritime Museum'의 고풍스러움을 한번에 느낄 수 있어 소위 인생사진을 찍는 관광객들로 항상 붐빈다. 퀸스 하우스와 국립 해양박물관에서는 유명 미술작품과 유물들을 무료로 관람할 수 있으니 시간이 된다면 가보도록 하자. 천문대를 내려와 공원을 산책하며 여유를 느껴도 좋다. 왕립공원답게 항상 관리가 잘 되어 있어 편하게 걸으며 산책을 즐길 수 있다.

Music

Tessa (sound track)

병원에서 집으로 돌아오는 차 안에서 테사가 길거리에 쓰인 자신의 이름 'TESSA'를 발견했을 때 흘러나온 음악은 더스틴 오 할로란의 〈Tessa〉이다. 이 곡을 자세히 들어보면 독특한 특징을 하나 발견할 수 있는데, 마치 사람이 바이브레이션을 하는 것처럼 멜로디의 음정을 끊어서 소리 내고 있다. 보통 멜로디는 음의 높낮이의 변화가 리듬과 연결되면서 만들어지는데 이 곡은 전혀 그렇지가 않다. 심지어 떨리는 박자도 일정치가 않다. 하지만 음악이 전개될수록 이 특이한 멜로디 라인은 악기들과 조화를 이루면서 완벽하게 안정적인 하모니를 만들어낸다.

이 곡은 조금 특이한 위시리스트를 가지고 있는 소녀 테사와 평범한 아담이 사랑에 빠지는 과정을 담고 있는 것 같기도 하다. 제목처럼 작곡가는 영화 속 테사를 생각하면서 음악을 만들었을 테니 말이다. 실제로 영화 촬영지에서 이 노래를 들으니 'TESSA'로 가득하던 영화 속 길거리 장면이 떠올라 괜스레 가슴이 뭉클해졌다.

뎃퍼드 하이 스트리트 Deptford High Street

□ **Add:** 142 Deptford High Street, London SE8 3PQ / 뉴
크로스 역(New Cross Station)에서 도보로 5분,
뎃퍼드 역(Deptford Station)에서 도보로 1분

뎃퍼드 라운지 Deptford Loundge

□ **Add:** 9 Giffin Street, London SE8 4RH
□ **Tel:** +44-(0)20-8314-7288
□ **Time:** 월~금 8:00~22:00, 토요일 9:00~17:00,
일요일 10:00~17:00
□ **Web:** www.deptfordlounge.org.uk

그리니치 파크 Greenwich Park

□ **Add:** London SE10 8XJ / 그리니치 파크 역(Greenwich
Park Station)에서 도보로 10분
□ **Tel:** +44-(0)30-0061-2380
□ **Time:** 매일 6:00~21:00
□ **Web:** www.royalparks.org.uk

Burnham Beeches

울창한 나무숲 사이사이로, **번햄 비치스**

film
story

　　마약을 하고 나타난 테사와 조이. 아담은 어디론가 그들을 데리고 간다. 차를 타고 이동하는 동안 영화는 테사의 시선을 따라가는데 모든 게 평소보다 느리게 움직인다. 그 속에서 테사는 한 모녀를 발견한다. 다가올 새로운 환경이 겁나는 딸에게 어머니는 이렇게 말하고 있었다. "겁낼 필요 없어." 그녀의 목소리가 들리지는 않

지만 테사는 무의식적으로 입 모양을 보고 따라 속삭여본다. 죽음을 두려워하는 자
신에게 하는 말인지, 자신과의 만남을 망설이는 아담에게 하는 말인지는 알 수 없다.

　　한동안 차를 달려 그들은 인적이 드문 숲속에 도착한다. 아담은 테사와 조
이가 무사히 약에서 깨어나도록 사람이 없는 곳으로 둘을 데리고 온 것이다. 그런데
아담이 조이에게 잠깐 한눈을 판 사이 테사가 숲속으로 사라지고 만다. 테사가 백혈
병에 걸린 사실을 모르고 있던 아담은 조이에게 그 사실을 듣자마자 숲속을 미친 듯
이 뛰어다니며 테사를 찾는다.

he
says

　　"지금처럼 문명과 떨어진다면, 나는 더 이상 아프지 않을 거야." 테사가 숲
속의 나무 위에 앉아 마치 동화 속에 나오는 요정처럼 맑고 파란 눈동자를 굴리며
아담에게 건넨 말이다. 그 순간 그녀가 더 이상 아프지 않을 것만 같았고, 무엇보다

테사 역의 배우 다코타 패닝Dakota Fanning이 실제로 백혈병에 걸린 게 아닐까 싶을 정도로 그녀의 연기와 비주얼이 돋보인 장면이기도 했다.

한편, 올 파커 감독은 테사의 대사를 통해 우리에게 하나의 메시지를 보내고 있다. 문명과 과학이 발달할수록 우리의 삶은 편리해지고 있지만 그것이 결코 우리의 삶의 가치를 풍요롭게 해주는 것만은 아니라는 것, 우리를 병들게 하는 것은 사회라는 것을 말이다. 물론 여기서 말하는 병이란 신체의 질병뿐 아니라 전쟁, 테러와 같은 사회적인 질병과 불안, 우울, 고독 등 개인의 마음의 상처까지도 모두 포함한다.

아담이 테사를 찾아 헤매던 울창한 나무가 우거진 숲은 '번햄 비치스Burnham Beeches'로 이번 영화의 촬영지 중 가장 기대를 많이 한 곳이다. 영화 속에서 테사가 문명과 떨어진 곳이라고 표현한 것처럼, 공원 산책로는 떨어진 낙엽으로 가득하고 걸을 때마다 신발에 진흙이 묻어날 정도로 자연 그대로의 모습을 볼 수 있는 공원이다. 관리가 정연히 되어 있는 런던 내 공원과는 달리 계절에 따라 바뀌는 풍경이 아름답다. 나의 경우엔 겨울에 방문해 떨어진 낙엽이 숲을 온통 빨간색으로 물들여 뇌 고독한 분위기를 맘껏 느낄 수 있었다.

바람이 불 때면 흔들리는 나뭇가지들이 서로 부딪혀 소리를 내 이따금 온몸의 감각이 예민해지기도 했다. 자연적으로 조성된 공원이라고 하여 혹시나 곰이라도 나오면 어쩌나 조금은 무서운 생각에 그랬던 것 같다. 실제로 갑자기 발걸음 소리가 나서 잔뜩 놀라기도 했는데 소리의 범인은 새끼 노루였다. 겁이 났는지 나를 발견하자마자 도망가서 사진으로 담지는 못했다. 이렇게 말하면 마치 이곳이 태백산 골

짜기 같이 여겨질 수도 있을 테지만 전혀 그렇지 않다. 아이를 데리고 소풍을 온 가족들, 산책을 나온 노부부들, 강아지를 데리고 나온 주민들로 항상 찾는 이들이 많다. 보통 공원은 아침 8시부터 오후 4시까지(여름 8:00~21:00) 운영을 하며, 입구에 있는 카페는 오후 5시에 문을 닫는다.

대중교통을 이용해 오는 방법은 다음과 같다. 우선 런던 패딩턴 역에서 기차를 타고 슬라우 역Slough Station으로 간다. 직행을 타면 20분 정도 소요되고 요금은 왕복 9.5파운드다. 그다음으로 슬라우에서

X74번, 74번 버스를 타고 템플우드 레인 Templewood Lane에서 내리면 도보로 5분 안에 갈 수 있다. 버스정류장은 역 앞에 바로 있으며 티켓은 기사에게 직접 구매하면 된다. 왕복 5.6파운드로 생각보다 조금 비싸긴 하지만 가볼 만한 가치가 충분하다.

　　근처에는 윈저Windsor가 있어 하루 일정으로 근교를 돌아보기에도 좋다.
윈저는 엘리자베스 여왕의 주말 별궁으로 알려진 '윈저 성Windsor Castle'이 있는 곳으로 영국의 명문 사립중등학교로 유명한 이튼 칼리지Eton College의 소재지이기도 하

다. 버킹엄 궁전과 마찬가지로 격일로 근위병 교대식을 진행하고 있는데 성안으로
들어가면 퍼레이드를 볼 수 있다. 근위병 교대식의 정확한 날짜와 시간은 사전에 알
아보고 가는 게 좋다. 입장료는 20.5파운드로 다소 비싸기는 하지만 다 돌아보는데
못해도 3시간은 걸릴 정도로 볼 것이 많아 전혀 아깝지 않다.

    엘리자베스 여왕의 산책로 '롱 워크Long walk'도 빼놓을 수 없다. 여왕의 마차
가 다니는 궁전과 공원을 이어주는 5킬로미터가 넘는 도로로 윈저에서는 꼭 가봐야

하는 관광명소다. 특히, 노을이 짙게 물든 롱 워크는 영국에서 가장 우아한 산책로라고 표현하고 싶을 만큼 아름답다. 지평선까지 펼쳐진 산책로의 절경은 윈저를 생각하면 가장 먼저 떠오르는 기억이다.

And It's alright (sound track)

  마지막으로 소개할 음악은 피터 브로데릭 Peter Broderick의 〈And It's alright〉이다. 그는 미국 출신으로 다양한 악기를 다룰 줄 아는 멀티 아티스트로 알려져 있다. 피터 브로데릭의 음악을 한 번 듣기 시작하면 자연스럽게 묻어나는 클래식한 분위기와 폭넓은 음악적 스펙트럼이 만들어내는 지칠 줄 모르는 다채로움에 자신도 모르게 그의 음악을 찾게 된다.

  이 곡은 영화 속에서 테사가 읊조리던 "Don't be afraid(겁낼 필요 없어)"라는 대사와 어우러져 희망의 메시지 하나를 완성한다. "Don't be afraid. And It's alright." 감독은 표면적으로는 테사가 전혀 죽음을 두려워하지 않는 것처럼 그리고 있지만, 음악과 대사를 통해서 테사가 자신의 죽음에 대해 느끼는 감정을 암시한다. 무의식적으로 죽음이 다가오는 것을 직감하고 두려워하는 테사에게 음악을 빌려 말하고 있는 것이다. "괜찮을 거야"라고. 실제로 노래의 대부분이 'all right'이라는 가사로 이루어진 것만 봐도 감독의 의도를 파악할 수 있다. 또한 이 노래는 마약에 취한 테사가 느끼는 몽환적인 편안함을 극대화해 영화를 보는 사람들이 테사의 감정에 공감할 수 있도록 분위기를 연출하기도 한다.

"그날 밤 일곱 개의 유성들
우리의 시선에 머문 물과 모래
비상을 위한 내 손 안의 돌, 수면 부족
하지만 괜찮아요."

_ 〈And It's alright〉 가사 중에서

번햄 비치스 Burnham Beeches

- **Add:** Lord Mayors Drive, Slough SL2 3TE / 패딩턴 역에서 출발해 슬라우 역에서
  하차 후 X74번, 74번 버스를 타고 템플우드 레인에서 내려 도보로 5분(총
  1시간 30분 소요)
- **Tel:** +44-(0)17-5364-7358
- **Time:** 8:00～16:00, 여름 8:00～21:00(계절에 따라 변경), 공원 카페 10:00～17:00
- **Web:** www.cityoflondon.gov.uk

> **"**
> 뭐가 보이지?
> 나는 가능성 있는 젊은이가 보여.
> **"**
>
> _ 킹스맨의 본부에서 거울을 보며 해리가 에그시에게 하는 말

<킹스맨>, 2015
감독: 매슈 본
출연: 콜린 퍼스(해리), 태런 에저턴(에그시), 사무엘 L. 잭슨(발렌타인)

Manners maketh man

킹스맨

Kingsman

Location Map

1. 알렉산드라 앤 에인즈워스 에스테이트
2. 코브리지 크레센트
3. 홀번 경찰서
4. 블랙 프린스 펍
5. 헌츠먼 앤 선즈
6. 락앤코 해터스
7. 임페리얼 칼리지

Alexandra & Ainsworth Estate

거칠고도 우아한 브루탈리즘,
알렉산드라 앤 에인즈워스 에스테이트

"타인보다 우수하다고 해서 고귀한 것은 아니다.
과거의 자신보다 우수한 것이야말로 진정으로 고귀한 것이다."

_ 해리가 에그시에게 가르침을 주기 위해 하는 말

**film story
he says**

'킹스맨'은 영국 최고의 젠틀맨 스파이 조직으로 대부분 상류층에서 최고의
교육을 받은 신사들로 구성되어 있다. 그런데 킹스맨의 에이스 요원 '해리'는 랜슬럿
(킹스맨) 선발 과정에서 평민 출신의 '리 언윈' 요원을 후보생으로 추천하고, 그는 출
신의 편견을 극복하고 제임스와 함께 최후의 2인에까지 올라간다. 그러나 1997년 마
지막 현장 임무 도중 해리의 실수로 리 언윈은 동료들을 구하고 목숨을 잃는다.

런던으로 돌아온 해리는 미망인의 집을 찾아가 남편의 희생에 대한 감사
와 애도를 표하고, 그의 아들에게 킹스맨의 용맹함을 상징하는 메달을 준다. 해리에
게 메달을 받은 리 언윈 요원의 아들이 바로 이 영화의 주인공 '에그시'이다. 에그
시가 킹스맨이 될 운명은 해리에게 메달을 받은 때부터 이미 시작된 것이다.

에그시는 아버지에게 물려받은 타고난 두뇌와 완벽한 신체조건으로 주니
어 체조대회에서 2연속 우승을 차지하는 등 나름 괜찮은 유년시절을 보낸다. 하지

만 가정폭력을 일삼는 새아버지와 살게 되면서 학교를 자퇴하고 마약과 범죄를 저지르는 별 볼 일 없는 패배자의 삶을 살아간다.

    왜 감독은 에그시의 삶을 궁지로 몰고 있는 것일까? 이미 소외계층의 처량한 삶을 살고 있는 그를 더욱 최악의 상황으로 몰고 가는 이유는 무엇일까? 아마도 그러한 설정을 통해 사회계급 간의 차이를 확실히 보여주기 위해서가 아닐

까. 소외된 삶을 살고 있는 에그시와 앞으로 킹스맨의 삶을 살게 되는 에그시의 대비를 극대화함으로써 현실에 존재하는 사회계급 간의 차이를 풍자하기 위함인지도 모른다.

영화 〈킹스맨: 시크릿 에이전트〉에서 처음으로 소개할 촬영지는 에그시의 집으로 나온 '알렉산드라 앤 에인즈워스 에스테이트Alexandra & Ainsworth Estate'로 런던 북쪽 캠든에 있는 아파트(혹은 공동주택단지)이다. 영화 속에서는 저소득층이 거주하는 범죄율이 높은 곳으로 나오지만 실제로는 전혀 그렇지 않다. 방 2개와 화장실 1개로 구성된, 집값만 해도 한화로 7억을 웃돌며 범죄율이 높은 동네도 아니다. 오히려 브루탈리즘Brutalism* 건축양식을 대표하는 런던 건축 문화재로 등록되어 있어 각종 영화, 드라마, 광고의 촬영지로 사용되는 활기가 가득한 동네다. 특히 우아하게 길게 뻗은 곡선의 콘크리트는 영국 바스Bath에 있는 초승달 모양의 건축물 로열 크레센트Royal Crescent가 연상될 만큼 아름답다.

건축물의 매력에 빠져 정신없이 사진을 찍고 숨을 돌릴 겸 적당한 의자에 앉았다. 곡선의 인도를 따라 시선을 옮기는데 우연히 마주 선 건축물 사이로 떠다니는 구름이 눈에 들어왔다. 새삼 내가 여행 중임을 실감하고 기분 좋은 미소로 "참, 행복하다"고 한참을 혼자 중얼거렸던 기억이 난다.

★ 브루탈리즘

영국의 건축가 피터 스미슨과 앨리슨 스미슨 부부(Peter & Alison Smithson)가 노포크 지방의 한스탄튼 학교에서 보여주기 시작한 비정하고 거친 건축 조형미학을 시작으로, 20세기 초 모더니즘 건축의 뒤를 이어 1950년대에서 1970년대 초반까지 융성한 건축양식이다. 브루탈리즘이라는 명칭은 전통적으로 우아한 미를 추구하는 서구 건축에 대해서 야수적이고 거칠며 잔혹하다는 의미를 내포하고 있는데, 실제로 가공하지 않은 재료를 사용하고 노출시킬 뿐만 아니라 콘크리트를 광범위하게 사용하고 건물에서 감추어져 왔던 기능적인 설비들을 숨기지 않고 그대로 드러내고 있다는 점이 특징이다.

'에그시의 집'에서 10분 정도 걸어가다 보면 아는 사람만 안다는 런던의 관광명소 '프림로즈 힐Primrose Hill'이 나온다. 경사가 높은 언덕 위에 조성된 공원으로 런던 시티를 한눈에 볼 수 있다. 특히 석양이 지는 고요한 런던을 내려다보면서 사랑하는 연인과 와인 한 잔 마시기에 이보다 분위기 좋은 곳은 없다. 연한 보랏빛 하늘 아래에 앉아 멀리 보이는 런던아이London Eye를 함께 바라보며 사랑을 속삭이는데 어찌 아름답지 않을 수 있을까.

실제로도 날이 좋은 날이면 프림로즈 힐은 다양한 런더너로 가득하다. 친구들과 도시락을 싸서 소풍을 온 사람들, 자기보다 큰 강아지를 데리고 산책하는 사람들, 낮잠을 자는 사람들, 옷을 벗고 일광욕을 즐기는 사람들. 개인적으로 내가 프림로즈 힐을 좋아하는 이유는 언덕과 맞닿을 듯 떠다니는 구름 때문이다. 적당한 곳에 누워 하늘을 바라보고 있으면 눈앞으로 구름이 지나가는데, 그 순간 구름 위에 누워 있는 듯 황홀한 기분이 든다.

Music

The Medallion (sound track)

영화 〈킹스맨〉의 음악감독은 영국 출신의 작곡가 헨리 잭맨Henry Jackman이다. 그는 〈킥애스Kick-Ass〉부터 〈엑스맨: 퍼스트 클래스X-Men: First Class〉까지, 〈킹스맨〉의 매슈 본Matthew Vaughn 감독과 많은 작품을 함께했다. 〈The Medallion〉은 영화 속에서 해리가 동료의 집을 찾아가 미망인에게 애도를 표하고 그의 아들 에그시에게 메달을 줄 때 사용된 곡이다. 웅장한 베이스 연주로 시작해 가냘픈 피아노 소리가 주를 이루다가 합주로 비범하게 마무리된다.

감독은 이 곡을 통해 에그시의 운명을 암시하고자 한 게 아닐까 생각한다. 아무것도 모르고 킹스맨의 운명이 담긴 메달을 손에 쥐던 갓난아이 에그시가 어려움을 극복하고 최고의 킹스맨이 되는 운명처럼 말이다. 또한 이 곡은 영화의 시작과 함께 흘러나오면서 관객의 흥미와 기대를 한껏 불러일으켜 영화를 더욱 즐겁게 감상할 수 있게 해주기도 한다. 실제로 영화 촬영지에서 이 음악을 들으니 영화 같은 멋진 일이 정말로 일어날 것만 같은 두근거림을 느낄 수 있었다.

"평생 그렇게 살 필요는 없어.
바뀌고, 배울 의지만 있다면
언제든 새사람이 될 수 있지."

_ 킹스맨의 본부에서 해리가 에그시에게 하는 말

알렉산드라 앤 에인즈워스 에스테이트
Alexandra & Ainsworth Estate

□ **Add:** Rowley Way, London NW8 / 스위스 코티지 역
　　　(Swiss Cottage Station)에서 도보로 10분
□ **Tel:** +44-(0)20-7974-2377
□ **Web:** www.alexandraandainsworth.org

프림로즈 힐 Primrose Hill

□ **Add:** Primrose Hill Road, London NW3 3AX /
　　　스위스 코티지 역, 초크 팜 역에서 도보로
　　　15분

Place 2

Corbridge Crescent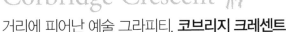
거리에 피어난 예술 그라피티, **코브리지 크레센트**

　　새아버지와 한바탕 소동을 일으키고 집을 나온 에그시는 친구들과 함께 맥주를 마시기 위해 동네 술집으로 간다. 조용히 앉아 맥주를 들이키며 화를 식히는데 옆 테이블에 앉은 동네 건달들이 시비를 건다. 호기롭게 일어나 건달 앞에 서는 에그시. 당장이라도 주먹을 휘두를 것만 같던 그는 갑자기 사과를 하고선 자리를 피한다. 알고 보니 그사이에 눈보다 빠른 손으로 건달의 차 키를 훔친 것이다. 차를 훔쳐 탄 에그시는 동네가 떠나가라 시끄럽게 음악을 틀어대며 건달을 실컷 놀려주고는 그대로 달아난다.

　　훔친 차를 타고 정신없이 폭주하던 것도 잠시, 곧 경찰차가 등장하면서 긴장감 넘치는 추격전이 펼쳐진다. 에그시는 도망갈 길이 없어지자 역주행을 하면서 온 동네를 휘젓는다. 경찰차와 마주하며 후진으로 도망가는 에그시와 친구들의 모습은 너무나 즐거워 보인다. 스크린을 통해 그들을 보고 있는 관객들마저 통쾌함과 일종의 해소감을 느낄 정도다. 하지만 즐거운 일탈의 순간은 그리 오래가지 못한다. 인적이 드문 골목에서 고양이를 발견한 에그시가 핸들을 꺾는 바람에 차는 그대로 벽에 부딪혀 멈춰버리고 만다.

　　매슈 본 감독은 영화 속 캐릭터의 특징이나 관계를 극명한 대조를 통해 보여준다. 대표적인 예로는 생명에 대한 가치관의 대조다. IT 사업으로 엄청난 부를 축적한 천재 과학자 '발렌타인'은 지구를 살린다는 명분으로 사회지도자들과 상류층을 제외한 모든 사람을 죽이려는 인류 대학살 프로젝트를 진행한다. 이익과 목적을 위해 타인의 희생을 가볍게 여기는 교활하고 이기적인 일부 상류층의 모습을 대변한다.

　　반면 에그시는 차를 훔치고 마약을 하는 등 소위 말하는 양아치이지만 고양이 하나 죽이지 못할 정도로 생명의 가치를 중요하게 생각하는 인물이다. 심지어 킹스맨을 선발하는 마지막 테스트에서는 자신이 키우던 강아지를 권총으로 쏘지 못해 시험에서 탈락하기도 한다. 한 가지 재미있는 점은 영화가 전개되면서 하류층을 대표하던 에그시가 점차 상류층의 신사들과 비슷한 모습으로 변해가는 과정이다. 물론

외적으로는 상류층처럼 변해가고 있지만 그의 내적 성향은 전혀 변하지 않는다. 어쩌면 말투는 조금 경박해 보이더라도 모든 생명의 가치를 인정하고 공공을 위해 세상을 구하려는 에그시 같은 젠틀맨 스파이야말로 우리가 기다리는 현대판 기사가 아닐까.

![film locations]

　　　영화 속에서 에그시가 건달의 차를 훔치고 경찰차를 피해 달아나던 인적이 드문 동네는 런던의 동쪽에 위치한 해크니Hackney의 작은 골목 '코브리지 크레센트 Corbridge Crescent'이다. 해크니는 쇼디치Shoreditch와 함께 18세기에 재정난에 시달리던 예술가들이 모여 살던 곳으로 지금은 런던을 대표하는 예술가의 도시로 거듭났다. 이곳은 로컬 디자이너와 아티스트의 작품을 살 수 있는 상점이 하나씩 들어서면서 현지인들의 관심을 받기 시작했는데 지금은 관광객들에게도 인기 있는 핫플레이스

가 되었다. 영화에서처럼 인적이 드물고 범죄가 많은 지역은 아니니 찾아가기를 고민하고 걱정할 필요는 없다.

코브리지 크레센트에서는 독특한 예술 세계가 돋보이는 그라피티를 감상할 수 있다. 골목은 온통 난해한 주제를 담고 있는 그라피티로 가득하고, 특히 골목 옆을 흐르는 작은 강을 따라 그려진 거대한 그라피티는 아직도 선명하게 기억에 남을 정도로 인상적이다. 현대미술이나 그라피티에 관심 있는 사람이라면 반드시 가보기 바란다.

　코브리지 크레센트에서 10분 정도 걸어가면 '해크니의 아지트'라고 불리는 '브로드웨이 마켓Broadway Market'이 있다. 매주 토요일마다 운영하는 지역 시장으로 청과물, 해산물, 육류, 오일, 치즈 등 신선한 식재료를 비롯해 의류, 액세서리, 도자기, 그림 등 로컬 디자이너 작품들도 찾아볼 수 있다. 신기하게도 사람들로 가득 찬 브로드웨이 마켓에서는 런던 어딜 가나 차고 넘치는 관광객들은 쉽게 찾아볼 수가 없다. 하나라도 더 팔아보려고 애쓰는 상점 아저씨, 맥주잔을 들고 시장 구석에서 수다를 떠는 청년들, 길거리 음식을 사이좋게 나눠 먹는 연인 등 토요일 오후 여유를 즐기는 지역 주민들의 모습으로 넘쳐난다. 현지인들에게 특히나 사랑받고 있는 브로드웨이 마켓은 런던의 대규모 시장과는 또 다른 분위기의 생기와 활력이 숨 쉬는 곳이다.

　사실 브로드웨이 마켓의 가장 특별한 매력은 바로 길거리 음식이라고 할 수 있다. 이곳만큼 다양한 길거리 음식을 파는 곳은 버러 마켓을 제외하곤 런던의 어디에서도 본 적이 없다. 고기와 야채가 듬뿍 들어간 햄버거, 치즈가 넘쳐흐르는 베이글, 게살과 치즈가 아름답게 맛의 조화를 이루는 게살볶음밥, 특제 소스가 일품인 닭

꼬치 등 다양하고 맛있는 길거리 음식이 시장의 다채로운 매력을 더해준다. 그중 게살볶음밥은 정말 환상적이다. 입안에서 살살 녹는 치즈와 게살의 부드러운 맛은 그야말로 해크니 최고의 예술이다.

 Music

Bonkers (sound track)

에그시가 건달의 차를 훔쳐 달아나다 경찰에게 쫓기는 장면에서 나오는 음악은 디지 라스칼Dizzee Rascal의 〈Bonkers〉이다. '제정신이 아닌'이라는 뜻으로 차량을 절도해서 음주 운전에 난폭 운전까지 일삼는 에그시의 모습과 정확히 맞아떨어지는 제목이다. 게다가 디지 라스칼은 1970년대 런던의 노동자들이 사용하기 시작한 '코크니Cockney'라는 런던 사투리로 영어를 구사하는데, 영화 속 에그시의 껄렁한 말투가 연상된다.

〈Bonkers〉의 경쾌하고 강한 비트는 경찰에 쫓기고 있는 긴박한 상황과 절묘하게 어우러져 긴장감을 높이고 흥분을 고조시킨다. 코브리지 크레센트에서 이 곡을 들으면 영화 속 장면이 생생히 떠오르면서 생동감 넘치는 감상을 할 수 있다. 물론 골목에 그려진 독특한 그라피티와 함께 감상하기에도 그만이다.

한편, 언젠가 영국의 친구에게 영화 〈킹스맨〉에 대해 물어본 적이 있는데 놀랍게도 전혀 모르고 있어 당황했던 경험이 있다. 한국에서는 대표적인 영국 영화인데 말이다. 그러나 한 가지 재밌는 사실은 그 친구가 가장 좋아하는 곡이 〈Bonkers〉라는 것이다. 뿐만 아니라 영국에서 클럽이나 파티에 가면 디지 라스칼의 음악을 쉽게 접할 수 있는데 현지에서 그의 음악은 그만큼 상당한 영향력을 가지고 있다.

+
Info

코브리지 크레센트 Corbridge Crescent

□ **Add:** Corbridge Crescent, London E2 9DS / 베스널
   그린 역(Bethnal Green Station)에서 도보로
   10분

브로드웨이 마켓 Broadway Market

□ **Add:** London E8 4QJ / 코브리지 크레센트에서
   도보로 5분, 런던 필드 역(London Fields
   Station)에서 도보로 7분
□ **Time:** 매주 토요일 9:00~17:00
□ **Web:** www.broadwaymarket.co.uk

Holborn Police Station

브로그 없는 옥스퍼드, **홀번 경찰서**

　　차량 절도 및 음주 운전으로 경찰서로 붙잡혀 간 에그시는 같이 범행을 저지른 친구들의 죄까지 덮어쓸 위기에 처한다. 경찰이 친구들의 이름을 지금이라도 말하면 형량을 줄여주겠다고 회유를 하지만, 바보 같은 건지 의리가 좋은 건지 끝까지 혼자 했다고 주장한다. 그리곤 뜬금없이 전화를 한 통만 쓰게 해달라고 부탁한다.

　　에그시는 아버지의 동료에게 받은 메달에 적힌 전화번호로 연락을 취하고, 긴 연결음 끝에 누군가 전화를 받는다. "제가 지금 경찰서에 구속되어 있는데, 여기로 전화하면 도움을 준다고 해서 연락했어요." 하지만 돌아오는 대답은 차가울 뿐이다. "잘못 거셨습니다." 당황한 에그시는 혹시나 하는 마음에 이렇게 말해본다. "브로그 없는 옥스퍼드" 그러자 민원이 접수되었다는 희망적인 메시지가 들려온다. 잠시 후 의문의 전화 한 통이 경찰서로 걸려 오고 에그시는 무사히 풀려난다. 어안이 벙벙해진 에그시는 경찰서를 나오면서 주위를 둘러보는데, 누군가가 그의 이름을 부른다. "에그시!" 바로 에그시에게 메달을 준 장본인 해리다.

"에그시,
집에 데려다줄까?"

_ 경찰서에서 풀려난 에그시에게 해리가 하는 말

he
says

영국에서 5분 만에 경찰서에서 풀려나는 일은 상상도 할 수 없다. 영국이 얼마나 원칙을 중요시하는 나라인지는 한 가지 사례를 보면 확실히 알 수 있다.

영국의 전 수상 윈스턴 처칠Winston Churchill은 각료 회의에 늦지 않으려 운전기사에게 속도를 낼 것을 지시했다. 결국 과속으로 단속에 걸린 처칠은 교통경찰에게 이렇게 말한다. "이봐, 내가 누군지 모르겠나?" 이에 교통경찰은 "얼굴은 수상님과 비슷합니다만 법을 지키지 않는 것으로 봐서 수상님이 아닙니다"라고 대답하고선 과속 스티커를 발부했다고 한다. 교통경찰에게 감동받은 처칠은 경시총감을 불러

자초지종을 이야기한 후 그 경찰의 특진을 지시했지만, 경시총감은 과속차량을 적발했다고 특진하는 규정은 없다며 수상의 명령을 거절했다고 한다.

이처럼 영국의 수상도 피해갈 수 없는 법과 원칙을 해리는 전화 한 통으로 간단히 해결해버린 것이다. 감독은 이러한 연출을 통해 이 같은 영국에도 법과 원칙을 무시할 정도의 강력한 권력과 권위를 지닌 특정 조직이 존재한다는 것을 보여주고 있는 것 같다. 영화 〈킹스맨〉은 가볍게 보고 싶다면 생각 없이 즐길 수 있지만, 자세히 들여다보기 시작하면 여러 사회적 문제를 돌아보게 해주는 다양성을 가지는 영화이기도 하다.

영화 〈킹스맨〉의 주인공 해리와 에그시의 첫 만남이 이루어졌던 장소는 '홀번 경찰서 Holborn Police Station'이다. 정장을 입고 영국식 발음을 구사하는 해리와 야구 잠바에 모자를 눌러 쓰고 사투리를 쓰는 에그시의 대조적인 모습이 인상적인 장면이다. 심지어 해리와 에그시가 계단에서 대화를 주고받는 장면에서는 그들의 눈높이에서도 확연한 시선 차이가 있다. 여기에서도 감독은 두 인물의 대조적인 모습을 통해 사회계급 간의 차이를 은연중에 드러내는 듯하다.

홀번 경찰서는 아쉽게도 실제로 경찰서로 운영되고 있어 내부를 둘러보거나 사진을 찍을 수는 없다. 하지만 해리와 에그시가 대화를 나누던 경찰서 앞 풍경은 영화 속 그대로 남아 있어 굉장히 반가웠다. 계단에 앉아 그들이 주고받던 대사들을 곱씹으며 영화 속 장면을 떠올려 본다면 재밌게 즐길 수 있을 것이다.

경찰서 내부에 들어가 보지 못한 아쉬운 마음이 크다면 걸어서 10분 거리에 있는 '대영 박물관The British Museum'으로 향해 보자. 세계 3대 박물관 중 하나로 영국의 중요한 관광명소다. 대영 박물관에는 세계 4대 문명의 유물부터 시작해서 파르

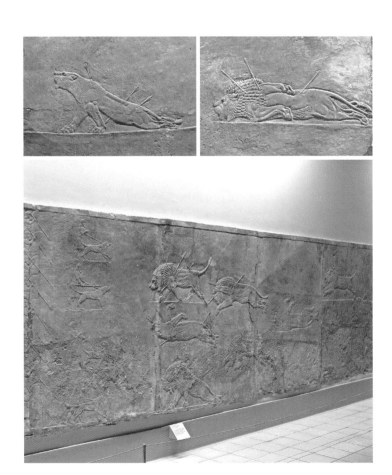

테논 신전, 미라 등 세계적으로 역사적 가치가 있는 소장품이 약 7천만 점에 이른다고 한다.

나는 전시물 가운데 메소포타미아 문명의 유물인 부조벽화 〈아시리아 왕의 사자사냥〉을 가장 좋아한다. 그 옛날 진흙으로 만들어진 벽화에 사자의 표정과 세밀한 근육의 움직임이 섬세하게 표현되어 있어 아주 인상적이다. 기원전의 유물들이

현시대까지 그 모습 그대로 유지, 보존되고 있다는 것에 다시금 영국이라는 나라가 정말 대단하다는 생각이 들게 한다. 하물며 이렇게 가치 있는 유물들로 가득한 박물관을 무료로 관람할 수 있는데 누가 런던을 싫어하겠는가. 최근에는 한국어 가이드가 업데이트되면서 관련 설명을 들으며 둘러볼 수도 있다.

홀번 경찰서 Holborn Police Station

□ **Add:** 10 Lamb's Conduit Street, London WC1N 3NR /
　　홀번 역(Holborn Station)에서 도보로 5분
□ **Web:** www.met.police.uk

대영 박물관 The British Museum

□ **Add:** Great Russell Street, Bloomsbury, London
　　WC1B 3DG / 토트넘 코트 로드 역(Tottenham
　　Court Road Station), 홀번 역에서 도보로 10분
□ **Tel:** +44-(0)20-7323-8299
□ **Time:** 토~목 10:00~17:30, 금요일 10:00~20:30(무
　　료입장)
□ **Web:** www.britishmuseum.org

The Black Prince Pub
난 이 멋진 기네스를 마저 마셔야 하니까, **블랙 프린스 펍**

"Manners maketh man(매너가 사람을 만든다)." 명실상부 영화 〈킹스맨〉에서 가장 사랑받고 있는 명대사라고 할 수 있다. 영화가 끝나고 오랜 시간이 지난 후에도 이 대사가 우리의 머릿속에서 쉽게 잊히지 않는 데는 한 가지 이유가 있다. 바로 해리의 대사와 행동이 완벽하게 대조되기 때문이다.

해리는 경찰서에 구속된 에그시를 풀어주고 술집으로 데리고 와 맥주를 한 잔 마시며 에그시의 아버지에 관한 이야기를 나눈다. 한참 둘 사이의 대화가 깊어질 때쯤 하필 동네 건달들이 들어와 해리에게 시비를 건다. "어이 꼰대, 다치기 싫으면 꺼져." 덩치 큰 건달들이 무섭게 협박을 하는데도 해리는 여전히 침착하다. 그리곤 "Excuse, me"라고 말하며 자리를 피하는 듯 일어나 입구로 걸어간다. 그런데 예상과는 달리 입구의 문을 잠그며 특유의 품위 있는 억양으로 이렇게 말한다. "Manners maketh man." 뒤이어 날렵한 몸놀림과 무술 실력으로 건달들을 하나둘 쓰러트리며 화려한 액션을 펼친다. 완벽한 슈트 차림을 하고선 말이다. 방탄 기능이 탑재된 신사의 상징 장우산은 옵션이다.

이렇듯 소위 젠틀맨이라고 하면 버릇없는 건달들을 말로서 훈계할 수도 있을 것을 몸소 부딪쳐 매너를 가르치는 그의 모습은 강한 인상을 심어주기에 충분했다. 즉 감독은 해리의 행동과 대사의 완벽한 대조를 통해 훌륭한 장면과 최고의 명대

사를 탄생시킨 것이다.

　　영국은 기본적인 매너에 굉장히 민감한 편이다. 따라서 영국 여행을 위해 지켜야 할 예절을 아는 것도 필요하다. 기본적으로 지켜야 할 에티켓은 어디서나 비슷하지만 알고 있으면서도 가끔 실수를 범하기도 한다. 우선 어디서 무엇을 하든 줄을 서도록 하자. 관광지에서 입장권을 살 때, 오이스터 카드를 충전할 때, 식료품점에서 상품을 계산할 때 등등 많은 사람과 함께 이용하는 공공장소에서는 줄을 서도록 하자. 한번은 근위병 교대식을 보고 있는데 한 중국인이 먼저 온 사람들 사이로 비집고 들어와 줄을 엉망진창으로 만든 적이 있었다. '어차피 한 번 오고 안 올 건데'라는 이기심으로 사람들에게 피해를 주지 않도록 하자.

　　두 번째는 지나가는 사람과 눈이 마주친다면 살짝 미소를 짓거나 고개를 끄덕여보자. 영국에서는 보통 사람들과 눈이 마주치게 되면 악의가 없음을 전하기 위해 미소를 지으며 고개를 살짝 끄덕이거나 "All right?"과 같은 간단한 인사말을 나누곤 한다. 버스를 기다리다가 혹은 거리에 앉아 커피를 마시다가 누군가와 눈이 마주치게 된다면 자신 있게 고개를 끄덕이며 상냥하게 말을 건네 보자. 런던에서 새로운 인연을 만나게 될지도 모를 일 아닌가.

펍Pub이란 'Public House'의 약자로 영국에서 발달한 대중적인 술집을 말한다. 영국만의 독특한 술 문화를 느낄 수 있는 곳으로 관광객들이 영국에 오면 꼭 한번씩은 가보는 필수코스다. 그렇다면 영국의 펍 문화는 어떠할까?

일단 영국의 펍에는 그림 간판이 걸려 있다. 문맹률이 높았던 과거에 글을 읽지 못하는 사람들을 위해 펍의 이름과 관련된 그림을 걸어놓기 시작했는데 그 문화가 지금까지도 이어지고 있다. 영화에서 해리가 명대사를 날리며 건달들에게 참교육을 펼치던 술집 '블랙 프린스 펍The Black Prince Pub'에도 검은색 말을 탄 기사가 그려진 그림 간판이 걸려 있다. 흑태자Black Prince라는 별명을 가지고 있던 14세기 잉글랜드 황태자 웨일스 공Prince of Wales의 초상화라고 한다.

또한 영국의 펍은 파인트pint라는 특유의 맥주잔을 사용하는데 용량은 570mL 정도 된다. 벨기에나 독일 사람들은 맥주마다 다른 잔을 사용하는데, 그래서 종종 펍에서는 맥주잔을 놓고 열띤 토론이 벌어지기도 한다.

마지막 특징은 맥주잔을 들고 서서 마신다는 것이다. 테이블에 앉아서 술을 마시는 우리의 음주 문화와는 달리 영국 사람들은 저마다 묵직한 파인트 잔을 들고 서서 친구들과 수다를 떨며 맥주를 마신다. 물론 모든 펍이 다 그런 것은 아니며 식사를 하면서 맥주를 마시는 조용한 분위기의 펍도 있다.

영화 〈킹스맨〉의 촬영지였던 블랙 프린스 펍은 현지에서 축구를 하는 날이면 그야말로 난리가 난다. 지역 주민들이 한데 모여 다 같이 응원을 하며 맥주를 즐기기 때문이다. 반면 평일 오후나 주말 오후에 방문하면 조용한 분위기에서 식사와 맥주를 즐길 수 있다. 일요일에 방문하는 것을 특히 추천하고 싶은데, 영국의 펍에는 일요일에만 파는 '선데이 로스트sunday roast'라는 메뉴가 있다. 영국의 가정식 스테이크로 육류와 채소를 한번에 즐길 수 있는 영양식이다. 특히 이곳 블랙 프린스의 선데이 로스트는 맛과 양 모두 완벽하다. 성인이 하나를 다 못 먹을 정도로 양이 정말 많다. 피시앤칩스fish and chips 역시 괜찮은 메뉴다. 적당히 입혀진 튀김옷과 살살 녹는 대구살이 맥주를 당기게 한다. 선데이 로스트와 피시앤칩스에 맥주 두 잔을 주문하면 총 30파운드 정도의 합리적인 가격으로 만족스러운 식사를 할 수 있다. 영화의 명장면을 회상하며 영국식 펍 음식을 경험하기에 제격이니 꼭 한 번 가보기를 추천한다.

Manners maketh man (sound track)

　　예상했을 테지만 이번에 소개할 음악은 당연히 〈Manners maketh man〉으로 펍에서 해리가 화려하게 건달들을 때려눕히던 장면에서 흘러나온다. 철저하게 해리를 위해 만들어진 곡으로 들을 때마다 영화 속 장면이 마구 떠오른다.

　　실제로도 해리의 발걸음에 맞춰서 곡이 전개되는데, 관악기 소리로 시작되는 음악은 싸움이 진행되면서부터 해리의 움직임에 맞춰 빠르게 리듬이 변하고 건달들을 모두 해치우고 나서는 다시 본래의 리듬으로 돌아온다. 해리의 행동 리듬과 음악의 리듬이 정확히 일치하는 것을 쉽게 알아차릴 수가 있다. 거짓말처럼 선명하게 영화 속 장면을 그대로 상상할 수 있게 만들어주는 곡이다. 펍에 앉아 이 음악을 들으니 당장에라도 킹스맨 해리가 들어와 "Manners maketh man"이라고 말해줄 것만 같기도 했다.

블랙 프린스 펍 The Black Prince Pub

□ **Add:** 6 Black Prince Road, Kennington, London SE11 6HS /
　　케닝턴 역(Kennington Station)에서 도보로 10분
□ **Tel:** +44-(0)20-7582-2818
□ **Time:** 일～목 12:00～24:00, 금～토 12:00～25:00
□ **Web:** www.theblackprincepub.co.uk

Huntsman & Sons

정장은 신사의 갑옷, **헌츠먼 앤 선즈**

film story
he says

현대판 기사단 킹스맨의 본부는 어디일까? 다름 아닌 '킹스맨'이라는 이름의 전통 있는 양복점이다. 외관을 보면 여느 평범한 양복점과 다를 바 없어 보이지만 피팅룸에 들어가 비밀장치를 누르기만 하면 엄청난 공간들이 튀어나온다. 공항에 버금가는 비행기가 있는 최첨단 훈련장, 해리가 가진 장우산을 비롯한 신기한 무기들이 있는 무기고, 킹스맨 요원들이 작전회의를 하는 회의실 등 양복점을 통해 킹스맨 에이전트 본부가 이어져 있다.

킹스맨 양복점은 에그시에게는 큰 의미가 있는 곳이기도 하다. 소외계층 신분으로 패배자의 삶을 살던 그가 해리에게 킹스맨이 될 기회를 얻는 곳이기 때문이다. 물론 해리는 에그시의 아버지에게 목숨을 빚진 이유로 에그시에게 관심을 갖기 시작했지만, 그의 잠재력을 발견하고 킹스맨 후보로 추천하게 되면서 에그시는 본격적으로 킹스맨의 길을 걷기 시작한다.

본부가 양복점이라는 독특한 콘셉트에 맞게 킹스맨 요원들은 깔끔한 신사 스타일의 정장을 입고 양복점을 본부로 사용하면서 평범한 사람들에 섞여 스파이 신분을 자연스럽게 숨긴다. 매슈 본 감독의 이 같은 색다른 연출은 영화 〈킹스맨〉이 기존 스파이물과 차별화된 평가를 받는 이유 중 하나라고 할 수 있다.

킹스맨 양복점에서 촬영된 장면들 중 가장 인상 깊었던 것은 초록색 피팅

"징장은 신사의 갑옷이고,
킹스맨은 현대판 기사를 말한다."

_ 킹스맨의 역사를 소개하며 해리가 에그시에게 하는 말

룸에서 거울을 보며 해리가 에그시에게 훈계를 하던 모습이다. 마약과 절도 등 각종 범죄를 서슴없이 저지르며 방황하는 에그시에게 해리는 말한다. "평생 그렇게 살 필요는 없어. 바뀌고 배울 의지만 있다면 언제든 새사람이 될 수 있지." 그의 말에 에그시는 이렇게 대답한다. "마이 페어 레이디처럼요?" 여기서 〈마이 페어 레이디My Fair Lady〉는 상류층 남성이 내기로 하층계급의 여인을 교육시켜 귀부인으로 만드는 과정에서 그녀와 사랑에 빠진다는 전형적인 신데렐라 스토리의 영화를 가리킨다. 해리가 에그시를 데려와 그에게 킹스맨이 될 기회를 제공하고, 킹스맨이 갖춰야 할 덕목들을 가르쳐주는 것과 일치한다.

그래서 실제로 많은 사람이 영화 〈킹스맨〉의 장르를 '신데렐라 스파이 액션

물'이라고 주장하기도 한다. 다만 그 교육이란 것의 방향에 큰 차이가 있다. 보통 신데렐라 스토리는 말투와 억양 같은 표면적으로 보이는 것들을 중요하게 교육하지만, 영화 〈킹스맨〉에서는 내면적인 것들에 더욱 비중을 두고 있다. 특히 해리가 에그시에게 교육을 하는 장면에서 가장 인상적인 대사는 이것이다. "젠틀맨이 되는 건 억양과 상관없어. 상대방을 편하게 대하면 되는 거야."

film
locations

　　　영화 속에서 킹스맨의 본부로 촬영된 곳은 런던에서 양복으로 가장 유명한 거리 세빌로Savile Row에 위치한 '헌츠먼 앤 선즈Huntsman & Sons'라는 양복점이다. 헌츠먼은 1849년 세빌로 비스포크 협회SRBA의 멤버로 처음 시작해 3대에 걸쳐 가업을 이어오고 있는 전통 깊은 양복 재단사이다. 지금은 영화 〈킹스맨〉의 흥행에 힘입어 관광객들의 뜨거운 관심을 받고 있는 런던의 대표적인 관광명소로 자리잡았다.

실제로 헌츠먼 양복점 앞에는 영화의 감동을 다시 한 번 느끼기 위해 찾아온 관광객들로 가득하다. 그중에는 '들어가도 되는 건가?'라는 생각으로 근처만 서성이다 돌아가는 사람들도 더러 있다. 헌츠먼 양복점은 모든 사람이 자유롭게 둘러볼 수 있으며, 단 내부 사진촬영은 금지하고 있다. 한적할 때는 직원들에게 정중히 요청하면 킹스맨 본부의 비밀 통로인 초록색 피팅룸을 볼 수도 있다고 하니 고민하지 말고 찾아가 보자.

헌츠먼 양복점에는 킹스맨 요원들이 입었던 것 같은 고급스러운 정장들이 가득하다. 무엇보다 재단사들의 작업실을 살펴볼 수 있는데 재단과 가봉, 바느질 등 19가지 단계를 거쳐 맞춤정장을 손수 제작하는 과정을 직접 볼 수 있다는 게 정말 인상 깊었다. 맞춤정장을 하나 만드는 데는 3개월 정도가 소요되고 가격은 평균 8백

만 원 이상이라고 한다. 상류층의 생활을 피부로 느낀 순간이었다.

참고로 영화 속 킹스맨 요원들이 입었던 의상과 소품들은 인터넷에서 (https://www.mrporter.com)에서 구매할 수 있다. 영화 〈킹스맨〉의 의상디자이너 아리안 필립스Arianne Phillips는 배우들의 의상과 소품을 직접 제작하여 온라인 편집숍 미스터 포터 Mr. Porter와 협업을 해 인터넷으로 판매하고 있다. 킹스맨 요원들이 입었던 정장부터 시작해서 안경, 장우산 등 촬영에 사용된 모든 소품을 팔고 있다.

To become a Kingsman (sound track)

영화 속에서 해리가 에그시의 잠재력을 발견하고 킹스맨 양복점의 피팅룸에서 킹스맨의 역사를 소개할 때 배경으로 깔리는 음악이다. 에그시가 등장할 때마다 종종 사용되기도 했다.

영화를 보고 난 뒤에 이 곡을 다시 들어보면 신기한 경험을 할 수 있는데, 친구들과 어울려 방황하던 시절의 에그시의 모습부터 인류를 위해 최고 권력과 호기롭게 맞서 싸우던 킹스맨 에그시의 모습까지, 음악의 구성과 흐름에 따라 장면 장면이 머릿속에 선명하게 떠오른다. 해리가 양주를 마시던 헌츠먼 양복점의 의자에 앉아 이 음악을 들으니 에그시가 금방이라도 문을 열고 들어올 것만 같은 느낌이 들기도 했다.

헌츠먼 앤 선즈 Huntsman & Sons
_____

◻ **Add:** 11 Savile Row, Mayfair, London W1S 3PS / 피커딜리
  서커스 역에서 도보로 10분
◻ **Tel:** +44-(0)20-7734-7441
◻ **Time:** 월~금 9:00~17:30, 토요일 10:00~15:00, 일요일 휴무
◻ **Web:** www.huntsmansavilerow.com

Place 6

Lock & Co. Hatters

패션의 완성은 모자, **락앤코 해터스**

"자고로 신사라면
이런 모자를 써야지."

_ 자신에게 어울리지 않는 모자를 쓰면서 발렌타인이 하는 말

해리는 야유회에 입고 갈 옷이 필요하다는 핑계로 킹스맨의 본부로 찾아온 발렌타인에게 모자를 추천해주겠다며 '락앤코' 매장을 알려준다. 특히 이 장면에서는 어울리지도 않는 신사 모자를 쓰고 만족스러운 듯 허풍을 부리는 발렌타인의 모습이 소소한 재미를 자아낸다.

그렇다면 해리는 왜 락앤코를 추천했을까? 아마도 그는 발렌타인에게 매장의 이름을 빌려 "넌 독 안에 든 쥐야"라고 돌려 말한 것이리라. 실제로 그들이 킹스맨 양복점에서 심리전을 벌이던 장면에서 락앤코를 추천해준 해리에게 발렌타인은 이렇게 말하기도 한다. "가끔씩, 당신들이 하는 말은 정말 알아듣기가 힘들어." 이 같은 그들의 아슬아슬한 심리전은 앞으로의 전개를 궁금하게 만드는 촉매 역할을 하면서 영화의 긴장감을 고조시킨다.

매슈 본 감독은 악역 발렌타인의 캐릭터를 여실히 보여주기 위해 여기서도 대조적인 장치를 몇몇 부분에 집어넣는다. 우선 스타일의 대조다. 신사의 전형적인 정장스타일의 해리와는 반대로 발렌타인은 개성 있는 힙합스타일이다. 그가 항상 쓰고 나오는, 소위 말해 스웨그가 느껴지는 야구모자와 힙합스타일의 옷은 반사회적인 발렌타인의 가치관을 투영하고 있다.

다음으로는 기존 스파이물 악역들과의 대조. 스파이물의 악역들을 보면 대체로 잔인하고 남성적인 모습인데 반해 발렌타인은 전혀 그렇지가 못하다. 시체를 보고 구역질을 하고, 교회 학살실험을 제대로 쳐다보지 못하고, 해리를 총으로 쏴 죽이고 호들갑을 떠는 모습 등은 악역으로서는 심하다 싶을 정도로 엄살을 부리고 있다. 인류 대학살을 기획하는 악당이라고 말하기에는 너무 소인배가 아닌가 생각이 들 정도다. 발렌타인의 이런 양면성을 보여줌으로써 기존 스파이물의 악역과는 확연한 차별성을 보여준 감독의 연출력이 돋보인다. 배우 사무엘 L. 잭슨 Samuel L. Jackson은 발렌타인 역을 완벽히 소화해내면서 그의 명성에 걸맞은 존재감을 한 번 더 증명하는 계기가 되기도 했다.

'락앤코 해터스Lock & Co. Hatters '는 1967년 런던 세인트 제임스 스트리트의 작은 모자가게로 시작되었다. 현재는 세계 최초의 모자 브랜드라는 타이틀과 함께 가장 오래된 가족 기업으로서 세계적으로 인정을 받고 있다. 오랜 역사와 전통을 지닌 브랜드인 만큼 영국의 이순신이라고 알려진 호레이쇼 넬슨Horatio Nelson 제독부터 윈스턴 처칠 수상, 찰리 채플린Charles Chaplin 등 수많은 유명 인사가 락앤코 해터스를 즐겨 찾았다고 한다.

이 브랜드의 매력은 단연 클래식과 트렌디의 적절한 조화다. 오랜 전통만이 가지는 독보적인 클래식함에 유행을 선도하는 세련된 스타일을 더해 락앤코 해터스만의 유니크한 개성을 자랑한다. 모자의 종류는 영화 속 발렌타인이 썼던 톱햇top hat 부터 시작해서 페도라fedora, 보울러bowller, 보터햇boater hat 그리고 생전 처음 보는 모자까지 정말 다양하다. 페도라 같은 경우 30만 원 정도로 예상보다는 저렴한 편이었다. 1층은 남성 모자가 주를 이루고, 2층은 귀부인들이 쓸 것만 같은 여성 전용 모자들이 진열되어 있다. 이곳 역시 내부 촬영은 금지되어 있다.

    락앤코 해터스에서 10분 정도 걸어가면 왕립공원 중 하나인 '그린 파크Green Park'를 발견할 수 있다. 8개의 왕립공원 가운데 내가 가장 좋아하는 곳으로 넓게 펼쳐진 푸른 잔디가 아름답다. 이름 그대로 정말 온통 초록색으로 물들어 있어 공원이 아니라 큰 숲속에 있는 듯한 기분이다. 특히 오후에 한가롭게 식사를 하기에 무척 좋은 곳이다. 푸른 나무 밑 의자에 앉아 샌드위치를 한 입 베어 물고 산책하는 사람들을 보고 있으면 '런던에서 살아보고 싶다'는 생각이 절로 든다. 실제로 런던에서 살

고 있는 내가 느끼는 감정은 "런던에서 살아보길 참 잘했다"는 것이다. 공원에서 산책을 하고, 독서를 하고, 음악을 들으며 사색을 하는 등 공원에서 보내는 여유로운 시간이 늘어날수록 한국으로 돌아가고 싶은 마음은 현저히 줄어들곤 한다.

Music

Shame We had to grow up (sound track)

이번에 소개할 음악은 영화의 사운드 트랙 중 하나인 〈Shame We had to grow up〉이다. 킹스맨 양복점에서 해리와 발렌타인이 대화를 나누며 살벌한 심리전을 벌일 때부터 장면이 바뀌고 발렌타인이 검은색 신사 모자를 쓰는 장면까지, 비교적 다른 곡들보다 길게 깔린다. 발렌타인이 해리를 집으로 초대한 후 빅맥 햄버거로 식사를 대접하는 장면에서도 흘러나오는데, 해리와 발렌타인의 심리전을 보다 긴장감 넘치고 생동감 있게 만드는 역할을 제대로 하고 있다.

특히나 발렌타인이 음악의 제목과 똑같은 대사를 날리며 해리와 심리전을 벌이는 장면은 아주 인상적이다. 발렌타인은 해리의 정체를 알아채고 조롱하듯 말한다. "나는 젠틀맨 스파이가 되는 게 꿈이었소." 그러자 해리는 침착하게 대꾸한다. "스파이 영화를 살리는 건 항상 악당이죠. 저는 과대망상 악당이 되는 게 꿈이었소." 한동안 정적이 흐르고 발렌타인이 말한다. "우리 둘 다 나이를 먹은 게 참 아쉽군요." 이렇듯 상황과 분위기에 맞는 적절한 음악 사용은 영화 속 인물 간의 심리전을 더욱더 고조시킨다.

 Info

락앤코 해터스 Lock & Co. Hatters

- □ **Add:** 6 St. James's Street, St. James's, London SW1A 1EF / 그린 파크 역에서 도보로 5분
- □ **Tel:** +44-(0)20-7930-8874
- □ **Time:** 월~토 9:30~17:30, 일요일 휴무
- □ **Web:** www.lockhatters.co.uk

그린 파크 Green Park

- □ **Add:** London SW1A 1BW / 그린 파크 역에서 도보로 1분
- □ **Tel:** +44-(0)30-0061-2350
- □ **Time:** 매일 5:00~24:00
- □ **Web:** www.royalparks.org.uk

Imperial College

유럽 최고의 이공계 대학, **임페리얼 칼리지**

영화 〈킹스맨〉에서 "인류는 숙주의 죽음을 미리 알 수 있는 저주에 걸린 유일한 바이러스"라고 주장하는 '아널드' 교수는 자칫 비중 없는 역할로 보이지만, 사실 그의 존재와 죽음은 중요한 의미를 가진다. 영화 초반에 킹스맨 요원 '랜슬럿'은 아널드 교수를 구하기 위해 아르헨티나에서 혼자 임무를 수행하다 발렌타인의 보디가드에게 죽임을 당한다. 이로써 킹스맨 요원의 공석을 채우기 위한 선발시험이 진행되고, 자연스럽게 에그시는 킹스맨이 될 운명의 흐름을 타게 된다. 즉 아널드 교수의 존재가 에그시의 운명을 형성하는 데 큰 역할을 하게 된 것이다.

이것만으로도 아널드 교수의 역할은 충분해 보이지만, 그의 죽음에도 영화의 전개를 위한 중요한 의미가 담겨 있다. 아널드 교수는 발렌타인의 감시 시스템에 의해 목에 설치된 장치가 폭발하면서 목숨을 잃게 되는데, 그의 죽음으로 이전까지 서로의 존재를 확실히 파악하지 못하고 있던 킹스맨 에이전트와 발렌타인이 서로를 적으로 인식하면서 본격적인 대결 구도를 펼치게 된다. 실제로도 그의 죽음 이후 영화는 매우 빠른 속도로 전개된다.

  발렌타인의 감시 시스템이 폭발하면서 아널드 교수가 목숨을 잃고 해리가
부상을 입게 되는 장면이 촬영된 곳은 세계적인 명문 공립대학교 '임페리얼 칼리지
Imperial College'이다. 영화 속에서 이상 기후를 연구하는 아널드 교수가 근무하던 곳으
로 실제로도 자연과학, 공학, 의학 계열이 특성화된 대학교이다. 특히, 과학 분야에서
는 14명의 노벨상 수상자를 배출했을 정도로 명성이 높다. 가장 유명한 동문으로는
페니실린을 개발한 미생물학자 알렉산더 플레밍 Alexander Fleming이 있다.

  우리나라의 서울대, 고려대, 연세대를 뜻하는 '스카이'라는 용어처럼 영국
에는 '골든 트라이앵글 Golden Triangle'이라는 말이 있다. 런던을 중심으로 동남부 6개
의 대학을 지칭하는 것으로 영국 정부로부터 상당히 많은 연구비용을 지원받고 있
어 골든이라는 말이 붙었다고 한다. 6개의 대학에는 케임브리지 대학교, 옥스퍼드 대
학교, 런던 정치경제대학, 임페리얼 칼리지, 킹스 칼리지, 유니버시티 칼리지가 있다.

임페리얼 칼리지는 최근에도 과학 분야에서 확실한 성과를 보여주고 있는데, 감독이 이곳을 촬영지로 선택한 이유도 이 때문일 것이다. 기대에 부푼 마음으로 임페리얼 칼리지를 방문했지만 일반인의 내부 출입과 촬영은 금하고 있었다. 물론 해리가 라이터 수류탄을 던져 화재가 났던 대학의 외관은 그대로 남아 있어 영화 속 장면을 떠올리기에는 부족함이 없다.

　　그래도 아쉬운 마음에 주위를 둘러보던 중 빨간 벽돌로 지어진 원형 홀을 하나 발견했다. 박물관이 아닐까 하고 들어가 보니 '로열 앨버트 홀 Royal Albert Hall'이라는 공연장이었다. 이곳은 전시회, 박람회, 콘서트, 연설회 등 다양한 종류의 공연이 주최되는데, 그중에서도 클래식 음악 페스티벌인 'BBC 프롬스 BBC PROMS'가 열리는 공연장으로 유명하다. BBC 프롬스는 클래식에 관심이 없는 사람들도 클래식에 빠지게 만든다고 알려져 있는 대중적인 클래식 공연이다. 공연 시작 1시간 전에 가면 남은 표를 싸게 구매할 수 있는데, BBC 프롬스 같은 경우 5파운드에도 살 수 있다고 하니 음악에 관심이 많다면 한 번쯤 가서 즐기는 것도 좋겠다.

임페리얼 칼리지 Imperial College

□ **Add:** Prince Consort Road, Kensington, London SW7
   2AS / 사우스 켄싱턴 역에서 도보로 10분
□ **Tel:** +44-(0)20-7589-5111
□ **Web:** www.imperial.ac.uk

로열 앨버트 홀 Royal Albert Hall

□ **Add:** Kensington Gore, London SW7 2AP /
   사우스 켄싱턴 역에서 도보로 15분
□ **Tel:** +44-(0)20-7589-8212
□ **Time:** 매일 9:00~21:00
□ **Web:** www.royalalberthall.com

"

사랑보다
더 큰 고통이 있나요?

"

_ 자신을 걱정하는 새아빠에게 샘이 하는 말

〈러브 액추얼리〉, 2003
감독: 리처드 커티스
출연: 휴 그랜트(데이비드), 키라 나이틀리(줄리엣), 리암 니슨(대니얼)

Love actually is all around

러브 액추얼리

Love Actually

Location Map

1. 가브리엘스 워프
2. 다우닝 스트리트 10번지
3. 그로스베너 성당
4. 셀프리지
5. 세인트 루크스 뮤스 27번지
6. 포플러 로드 10번지
7. 세인트 폴 교회
8. Ark 퍼트니 아카데미
9. 워털루 브리지

Place 1

Gabriel's Wharf

템스 강을 바라보며, **가브리엘스 워프**

"사실, 저 사랑에 빠졌어요."

_ 자신을 걱정하는 아빠에게 샘이 하는 말

'대니얼'은 엄마를 잃고 슬픔에 빠진 아들 '샘'을 걱정한다. 엄마의 빈자리
는 열한 살의 어린아이가 감당하기에는 너무 큰 고통이니 말이다. 하지만 평소에 대

화를 자주 나누지 않던 아빠와 아들은 평범한 대화를 하는 것조차 쉽지 않다.

　　그러던 어느 날, 강이 보이는 한적한 의자에 앉아 둘은 깊은 대화를 나누게 된다. 대니얼은 조심스럽게 샘에게 고민을 묻는다. "요즘 힘든 게 뭐야? 엄마? 학교 친구들? 혹시, 더 심각한 문제가 있는 거니?" 샘은 심각한 표정으로 한동안 고민을 하다 어렵게 입을 뗀다. "사실, 저 사랑에 빠졌어요. 엄마를 생각해야 할 때고 생각도 나지만… 전 사랑에 빠졌어요." 더 심각한 문제일 거라 생각했던 대니얼은 안도하며 미소를 보이지만 샘은 여전히 그녀 생각에 심각하다. "사랑보다 더 큰 고통이 있을까요?"

he
says

　　영화 〈러브 액추얼리〉의 리처드 커티스 Richard Curtis 감독은 이 장면에서 우리에게 두 가지 메시지를 보내고 있는 것 같다. 먼저, 이별은 새로운 사랑의 시작이라는 것이다. 엄마를 하늘나라로 보냈지만 새로운 사랑에 빠지게 된 샘처럼 말이다. 사랑은 언제나 찬란하게 시작해 차가운 이별로 끝나지만, 그 이별은 또다시 찬란한 사랑을 시작할 수 있게 해준다.

　두 번째는 사랑에 나이 제한은 없다는 것이다. 고작 열한 살밖에 안 된 꼬마가 사랑에 대해 누구보다 진지하게 고민하는 것처럼, 나이가 어리다고 깊은 사랑을 할 수 없는 건 아니다. 나는 사랑의 깊이는 상대방에 대한 관심이 얼마만큼 순수하냐에 따라 결정된다고 생각한다. 사랑은 호기심으로 시작해 순수한 관심의 축적으로 완성되는데, 사랑이 깊어지면 집착을 하게 되는 이유도 바로 이 때문이다. 이렇게 두 사람은 '사랑'이라는 공통분모를 통해 처음으로 진솔한 대화를 나누게 되고 샘은 조금씩 대니얼에게 마음을 열기 시작한다.

film
locations

　영화 속에서 샘과 대니얼이 진솔한 대화를 나누던 곳은 '가브리엘스 워프 Gabriel's Wharf' 앞 템스 강변Thames River에 있는 한 벤치이다. 사실 벤치가 없어졌으면 어쩌지 하는 걱정을 많이 했다. 박물관이나 건축물 같은 경우에는 정기적으로 수리와 보수를 하면서 오랫동안 보존이 되지만, 벤치 같은 것은 때에 따라 대체가 되기도 하

니 말이다. 실제로 벤치의 색이나 위치가 조금씩 바뀐 것을 볼 수 있었지만 영화 속의 한적하고 여유로운 분위기는 그대로 남아 있었다.

벤치 옆으로는 골목 시장 가브리엘스 워프가 있다. 오래전 창고로 쓰던 곳을 지금은 로컬 카페, 식당, 옷과 액세서리 가게 등이 들어서면서 멋스러운 상가가 되었다. 템스 강을 바라보며 브런치를 먹을 수 있어 지역 주민들이 즐겨 찾는 곳이라고 한다. 런던에서 여유로운 시간을 보내며 점심을 먹고 싶다면 찾아가 보기 바란다.

건너편에는 런던에서 가장 큰 성당인 '세인트 폴 대성당St Paul's Cathedral'이 위치해 있다. 604년 고딕양식으로 지어져 천 년이 넘는 역사를 가지고 있으며, 1606년 런던 대화재 이후 건축가 크리스토퍼 렌Christopher Wren에 의해 노르만 양식으로 재건되었다. 위에 올려진 돔dome은 바티칸의 성베드로 성당Basilica di san Pietro 다음으로 세계에서 두 번째로 크다고 한다. 윈스턴 처칠 수상의 장례식과 찰스 왕세자Charles Windsor와 다이애나 왕세자비Diana Frances Spencer의 결혼식이 거행된 성당으로도 유명하다. 입장료는 18파운드며 영국을 대표하는 성당인 만큼 느껴지는 위엄과 품격이 남다르다. 성당 전망대에서는 찬란하게 펼쳐진 런던의 전경을 즐길 수도 있다.

Glasgow love theme (sound track)

　'세상에서 가장 큰 고통'인 사랑에 빠진 샘에게 잘 어울리는 음악이다. 이 곡을 이끌어가는 멜로디 라인은 피아노인데 마치 순수한 사랑을 하고 있는 샘의 마음이 깃든 것처럼 영롱하다. 이 음악을 듣고 있으면 누구에게도 말하지 못한 상처가 가득한 자신의 속내를 아빠에게 하나하나 진지하게 털어놓던 샘의 눈동자가 떠오르는데, 그 순간 그려지는 샘의 순수함은 딱딱하게 굳어버린 우리의 마음에 똑똑 하고 노크를 하는 것 같기도 하다. 진정한 사랑에 대해 다시 생각해 볼 수 있도록, 다시 볼 수 있도록, 다시 들을 수 있도록 그리고 다시 느낄 수 있도록. 사랑을 순수하게 받아들일 수 없게 만드는 답답한 안대를 풀어주는 느낌이랄까.

　음악이 끝나자 언제나 내 옆을 지켜주는 고마운 사람들이 떠올랐다. 연인, 가족, 친구들을 떠올리니 '나는 이 만큼 행복한 사람이구나'라는 생각이 들었다. 성당을 다니지는 않지만 멀리 보이는 세인트 폴 대성당을 보고 한동안 내 사람들을 위해 기도를 하기도 했다. '내가 그들의 힘이 될 수 있게 해주세요. 그들에게 사랑과 행복한 삶의 축복을 주세요.'

가브리엘스 워프 Gabriel's Wharf

- □ **Add:** Lambeth, London SE1 9PP / 워털루 역, 서더크
  역(Southwark Station)에서 도보로 10분
- □ **Scene:** 가브리엘스 워프 앞 템스 강에 있는 벤치
- □ **Tel:** +44-(0)20-7021-1600
- □ **Time:** 화~일 11:00~18:00
- □ **Web:** www.southbanklondon.com/gabriels-wharf

세인트 폴 대성당 St Paul's Cathedral

- □ **Add:** St Paul's Churchyard, London EC4M 8AD /
  세인트 폴 대성당 역(St Paul's Cathedral
  Station), 맨션 하우스 역(Mansion House
  Station)에서 도보로 5분
- □ **Tel:** +44-(0)20-7246-8350
- □ **Time:** 전망대, 매일 8:30~16:30(입장권 판매 마
  감 16시 15분, 입장료: 성인 18파운드, 학
  생 16파운드, 어린이 8파운드)
- □ **Web:** www.stpauls.co.uk

10 Downing Street

영국에서 가장 유명한 주소, **다우닝 스트리트 10번지**

film story
he says

영화 〈러브 액추얼리〉 속 수상과 비서의 사랑 이야기는 신분을 뛰어넘는 사랑의 메시지를 담고 있다. 영국의 새 수상으로 임명된 '데이비드'는 비서인 '나탈리'가 신경이 쓰인다. 일에 전념하기에도 시간이 부족한데 시도 때도 없이 생각나는 나탈리 때문에 도대체 일에 집중을 할 수가 없다. 사랑하는 여자 앞에선 아무리 천하의 수상이라고 해도 어쩔 수가 없나 보다.

그러던 어느 날 미국의 대통령이 영국을 방문하게 되고, 그는 오만불손한 태도로도 부족해 수상의 관저에서 나탈리를 발견하곤 "세상에… 저 가슴 봤어요?"라며 성적인 농담까지 건넨다. 그의 태도가 몹시 불만스럽지만 양국의 외교를 위해 수상은 참고 넘어간다. 하지만 얼마 후 수상이 없는 틈을 타 미국 대통령은 나탈리에게 음흉한 짓을 시도하고 그 장면을 목격한 수상은 화가 단단히 난다. 다음 날 열린 양국의 기자회견에서 수상은 영국의 자부심을 강하게 내세우며 미국과 미국 대통령을 향해 강경한 입장을 표명한다.

> "'관계'란 단어는
> 많은 죄를 덮어버리죠."
>
> _ 외교협상을 마치고 기자회견에서 데이비드 수상이 하는 말

　　수상이 기자회견에서 보여준 강경한 모습은 그에게 국민의 신임을 가져다주는 계기가 된다. 하지만 객관적인 관점에서 본다면 굉장히 위험한 일이 아닐 수 없다. 이성적인 판단을 해야 하는 수상이 외교 문제에 감정적으로 대응한다는 것은 엄청난 국가적 손해를 가져올 수도 있는 일이다. 결국 이 사건으로 수상은 일에 집중하기 위해 나탈리의 부서를 옮기도록 한다. 그렇게 수상과 비서라는 신분의 차이가 둘 사이를 잠시 갈라놓지만, 나탈리의 진심이 담긴 손편지로 둘은 진정한 사랑을 찾게 된다.

　　사랑을 시작하게 되면 신분의 차이뿐만 아니라 식습관부터 생활방식까지, 셀 수 없이 많은 차이와 마주하게 된다. 그 차이를 좁히기 위해선 서로가 서로에게 한 걸음씩 다가가는 수밖에 없다. 한 사람만 일방적으로 다가간다면 서운함을 느끼게 되고, 아무도 다가가지 않는다면 차이를 좁히지 못하고 헤어짐을 겪게 된다. 반면, 서로에게 차이를 극복하고자 하는 의지만 있다면 국경, 신분, 성향의 차이는 물론 그 어떤 종류의 차이라도 충분히 좁힐 수 있다. 감독은 데이비드와 나탈리를 통해 이별과 사랑을 가르는 가장 중요한 기준은 차이를 마주하는 순간에 보여주는 태도와 의지라는 것을 말하고 있는 게 아닐까.

영화 속 수상의 관저는 실제로도 영국 수상의 관저인 '다우닝 스트리트 10번지 10 Downing Street'에서 촬영되었다. 1732년 초대 영국 수상 로버트 월폴 Robert Walpole 부터 현재의 테레사 메이 Theresa May 수상까지, 공식적인 수상의 관저로 사용되고 있다. 하지만 예외도 있다. 역대 수상 중 유일하게 토니 블레어 Tony Blair는 많은 자녀 때문에 다우닝 10번지가 아닌 조금 더 넓은 11번지에서 살았다. 당시 11번지에 살고 있던 재무부 장관 고든 브라운 Gordon Brown과 친한 친구 사이라 이례적으로 가능했던 일이라고 한다.

　　다우닝 스트리트에는 대부분 의원이 거주하며 보안상의 문제 때문에 일반인에게는 공개하지 않는다. 그럼에도 굳게 닫힌 검은 철창 사이로 수상의 관저를 한번 보겠다고 방문하는 관광객들로 넘쳐난다. 특히 사진을 찍느라 정신없는 관광객들과 농담 섞인 대화를 나누느라 정신없는 유쾌한 경찰들의 상반된 모습을 관찰하는 일은 이곳에서만 느낄 수 있는 재미 중 하나다.

　　다우닝 스트리트에서 5분만 걸어가면 또 다른 관광명소인 '호스 가드 퍼레이드Horse Guards Parade'가 있다. 말은 탄 위엄 있는 기마 병사와 함께 사진을 남길 수 있는 곳으로 많은 관광객이 찾아온다. 가끔 말이 흥분해서 사람을 물거나 발로 찰 수도 있다고 하니 조심하자.

PM's love theme (sound track)

미국 대통령과의 회담이 끝난 후 가진 기자회견에서 데이비드 수상은 이렇게 말한다. "영국은 작지만 훌륭한 국가입니다. 위협하는 자는 친구가 아닙니다. 힘에는 힘으로 대응할 수 있도록 이젠 영국을 더욱 강하게 만들겠습니다." 영국의 자부심과 수상의 포부가 느껴지는 장면으로 사운드 트랙 〈PM's love theme〉로 인해 더욱 위엄이 있어 보인다.

이 곡은 간단한 멜로디로 시작해 점차 하나둘 소리가 더해져 완연한 하모니를 완성하는데, 마치 기자회견에서 수상의 한 마디 한 마디가 더해져 영국의 자부심과 위엄을 높이던 카리스마 넘치는 모습이 투영되어 비치는 것 같다. 실제로 노래 제목 PM은 수상을 뜻하는 'Prime Minister'의 약자라고 한다. 런던 한복판에서 이 곡을 들으니 민주주의의 시작이라고 할 수 있는 영국 역사의 가치가 몸소 느껴지는 것 같기도 했다. 여행을 떠나기 전 런던을 상상하면서 한 번, 상상하던 런던에 직접 와서 또다시 한 번 들어보기 바란다. 온몸에 소름이 돋는 전율을 경험해 볼 수 있을 것이다.

+
Info

다우닝 스트리트 10번지 | 10 Downing Street

□ **Add:** 10 Downing Street, Westminster, London
　　SW1A 2AA / 웨스트민스터 역(Westminster
　　Station)에서 도보로 10분
□ **Tel:** +44-(0)20-7925-0918
□ **Web:** www.number10.gov.uk

호스 가드 퍼레이드 | Horse Guards Parade

□ **Add:** 4 Whitehall Pl, Westminster, London
　　SW1A 2AX / 웨스트민스터 역, 채링 크로
　　스 역(Charing Cross Station)에서 도보로
　　10분
□ **Tel:** +44-(0)20-7930-3070
□ **Time:** 매일 10:00~17:00
□ **Web:** www.householdcavalrymuseum.co.uk

Grosvenor Chapel
사랑은 어디에나 있다, **그로스베너 성당**

많은 사람의 축복 속에 신랑 '피터'와 신부 '줄리엣'은 작은 성당에서 결혼식을 올린다. 작지만 하얀색으로 가득 찬 성당은 줄리엣을 더욱 순결하고 아름답게 만들어준다. 결혼식이 끝나갈 무렵 성당의 커다란 오르간 연주에 맞춰 축가가 흘러나온다. 2층에서는 유명한 가수와 성가대가 갑자기 등장해 노래를 부르고, 1층에선

노래 소절마다 하객들이 하나둘씩 일어나 악기를 연주하며 세상에서 가장 아름다운 결혼식을 완성한다. 결혼식의 주인공인 신부와 신랑의 표정은 세상 누구보다 행복하다.

하지만 그들의 결혼을 마냥 축복해줄 수 없는 사람이 있다. 깜짝 축가를 준비해준 신랑의 친구 '마크'는 사실 신부 줄리엣을 사랑한다. 그는 결혼식 내내 캠코더로 신랑과 신부의 결혼식을 찍고 있지만 실은 행복해하는 그녀, 줄리엣만을 담고 있을 뿐이다. 이루어질 수 없는 사랑에 빠져버린 마크가 할 수 있는 건 그저 조용히 마음속에 그녀를 간직하는 것이다. 마치 캠코더의 모니터를 가득 채우고 있는 그녀의 눈동자에 마크의 마음속을 가득 채우고 있는 그녀의 모습이 보이는 것처럼.

"당신에게 필요한 건 사랑뿐이에요.
사랑이 당신에게 필요한 전부예요."

_ 〈All you need is love〉 가사 중에서

피터와 줄리엣의 결혼식은 관점에 따라 행복해 보이기도, 또 슬퍼 보이기도 한다. 영화를 처음 봤을 때는 '나도 결혼식을 한다면 이렇게 하고 싶다'는 생각을 하기도 했다. 소박하지만 진실한 축복으로 가득한 결혼식이 미래의 아내에게 큰 선물이 될 것 같았기 때문이다. 하지만 영화를 보면 볼수록 결혼식 분위기는 보이지 않고 캠코더를 들고 있는 마크만 눈에 들어온다. 다른 사람에게로 떠나는 그녀의 마지막을 지켜보는 안타까운 마음과, 씁쓸한 웃음 뒤로 진심을 숨기려는 그 모습이 마음을 아프게 했다. 슬플 때 웃으면 웃음 안에 슬픔이 드러나고, 기쁠 때 눈물을 흘리면 눈물 안에 환희가 담기듯이 사람의 감정을 온전히 숨기는 일은 대단히 어렵다는 것을 알기에 더욱 공감이 갔다.

감정을 숨기기 위해서는 마음에 그 감정을 숨길 공간이 남아 있어야 하는 것처럼 사랑하는 사람을 만나는 것도 마찬가지다. 과거의 사랑에 미련이 남아 있으면 새로운 사랑을 온전히 할 수가 없다. 새로운 사랑, 새로운 사람을 만나려 한다면 마음 한편을 비우는 일이 가장 우선이다. 서둘러 아무나 만나다 보면 결국엔 상처만이 남게 될 수도 있다. 이 글을 읽는 모두가 천천히 소중한 인연을 만났으면 하는 마음이다.

영화 속 아름다운 결혼식 장면이 촬영된 곳은 런던의 서쪽 지역 메이페어 Mayfair에 위치한 '그로스베너 성당 Grosvenor Chapel'이다. 작은 규모의 성당으로 내부는 화려한 치장 없이 백색의 깔끔한 모습인데 순결함과 신성함이 느껴진다. 실제로 보니 상상했던 것보다 더 아늑하고 따뜻해 한참을 떠나지 못했다. 결혼을 하게 된다면 이런 곳이 좋지 않을까 생각했다. 지인만을 초대해 그들의 축복 아래 사랑을 약속할 수 있는, 너무 거대하지도 거창하지도 않아 결혼식에 온전히 집중할 수 있을 것만 같

다. 이런 곳에서 사랑의 서약을 한다면 육신이 다하고 영혼이 다할 때까지 약속을 지킬 수 있지 않을까.

우연히 성당 관리인을 만나게 되어 인사를 나누고 한 가지 부탁을 드리기도 했다. "제 책을 보게 될 사람들에게 이곳을 소개하고 싶은데, 괜찮겠습니까?" 걱정과 달리 오히려 성당에 관해 이것저것 알려주시며 흔쾌히 허락하셨다. 성당은 보통 오전 9시부터 오후 5시까지 자유롭게 돌아볼 수 있도록 열어 두고 있다고 한다. 각종 공연이나 콘서트도 자주 진행되고 있는데 개인적인 행사가 아니라면 일반인들도 참여할 수 있다고 한다. 공연 일정은 홈페이지를 통해 자세히 확인할 수 있다. 성당 내 왼편의 숨겨진 사무실에서는 단 두 종류밖에 없지만 성당의 내부와 외부가 담겨 있는 엽서를 살 수도 있다.

나는 남들이 하는 건 하기 싫어하는 '평범 권태증'이라는 병에 걸렸다. 생전 해본 적 없는 일이라 할지라도 많은 사람이 하고 있거나 혹은 했던 일에 대해서 권태를 느끼는 것이다. 아마 많은 사람이 공감하고 실제로 겪고 있을 것이다. 영화를 따라 여행을 하고 이 책을 쓰고 있는 지금의 나처럼 말이다.

정해진 길 또는 누군가를 따라 걸어가는 것은 체력만 있으면 가능한 일이지만, 나만의 길을 만들고 걸어가는 일은 정체성에 대한 호기심이 필요하다. 호기심을 가지고 끊임없이 고민하는 과정은 많은 것이 보편화되고 획일화되고 있는 현대사회에서 나만의 색을 띠게 해준다. 그래서 나는 이렇게 영국을 대표하는 웨스트민스터 사원이 아니라 런던의 어느 거리 한구석에 숨겨져 있는 그로스베너 성당을 소개하고 있는지도 모르겠다.

"당신이 말로 표현할 수는 없지만,
잘해낼 수 있는 법을 배울 수는 있어요.
당신이 할 수 있는 건 없지만,
진정한 당신이 되는 법을 배울 수는 있어요."

_ 〈All you need is love〉 가사 중에서

Music

All you need is love (sound track)

　　영화 속 피터와 줄리엣의 결혼식 장면을 완성해주는 음악은 린든 데이비드 홀Lynden David Hall의 〈All you need is love〉이다. 린든 데이비드 홀이 영화에 직접 출연해 노래를 불러 화제가 되기도 했다. 비틀스The Beatles의 원곡을 리메이크한 것으로 따라 부르기 쉬운 멜로디와 가사로 많은 사랑을 받고 있다. 제목처럼 영원한 사랑을 약속하는 결혼식에 정말 잘 어울리는 노래로 듣는 것만으로도 사랑받는 기분 좋은 느낌이 들게 한다. 실제로도 결혼식 축가로 많이 불리고 있다.

　　그로스베너 성당에 앉아 이 노래를 들으니 영화 속 아름다운 결혼식 장면이 생생히 스쳐 지나갔다. 활짝 웃으며 신랑에게 안겨 있던 신부 줄리엣, 그녀를 따뜻하게 바라보던 신랑 피터, 그런 그들의 행복한 순간을 담고 있는 마크까지. 영화 속 장면에 나는 없지만 나까지 행복해지는 느낌이었다. 그렇게 나는 또 하나의 작은 행복을 발견했다. 역시 행복은 가까운 곳에 있다.

+
Info

그로스베너 성당 Grosvenor Chapel

▢ **Add:** 24 South Audley Street, Mayfair, London W1K 2PA / 마블 아치(Marble Arch), 본드 스트리트 역(Bond Street Station)에서 도보로 7분
▢ **Tel:** +44-(0)20-7499-1684
▢ **Time:** 월~금 9:30~16:30
▢ **Web:** www.grosvenorchapel.org.uk

Place 4

Selfridges

예술과 상업이 공존하는 런던의 백화점, **셀프리지**

'캐런'에게는 남편 '해리'와 두 아이가 있다. 겉으로 보기에는 평범한 가족이자 부부이다. 그런데 크리스마스가 다가올수록 해리의 행동이 캐런의 마음을 불안하게 한다. 크리스마스 파티에서는 젊은 여자와 주야장천 춤을 추더니, 생전 가지도 않던 보석가게에서 목걸이까지 고른다. 여자의 감은 섬뜩할 만큼 정확할 때가 있다. 며칠 후 캐런은 남편에게 목걸이가 아닌 조니 미첼Joni Mitchell의 앨범을 크리스마스 선물로 받게 된다.

캐런은 홀로 방으로 들어가 선물 받은 앨범을 들으며 서럽게 눈물을 흘린다. 그녀의 눈물에서 여자로서의 삶을 포기하고 오로지 남편과 아이들을 위해 자신을 희생하며 살아가는 어머니의 모습이 보였다. 희생 뒤에 찾아오는 정체성의 상실감, 외로움, 고독… 어머니로 살아감에 동반되는 수많은 감정이 떠올랐다. 캐런의 북받치는 감정들이 내 안을 가득 채워 바쁘다는 핑계로 한동안 연락을 못한 어머니 생각에 마음이 무거워졌다.

> "그녀를 사랑해요.
> 진정한 사랑은 평생을 가죠."
>
> _ 조니 미첼의 음악을 듣는 이유를 해리에게 설명하기 위해 캐런이 하는 말

　'미스터 빈Mr. Bean'으로 더 많이 알려진 배우 로완 앳킨슨Rowan Atkinson은 이 영화에 카메오로 출연하는데, 그의 역할은 의외로 큰 비중을 차지한다. 두 시간이 넘는 러닝타임 중 단 두 번의 짧은 출연이지만 영화 전개에 막대한 영향을 주기 때문이다. 게다가 그의 개성 있는 연기와 특유의 유머는 로맨틱 코미디라는 장르와 잘 맞아떨어지면서 영화의 완성도를 높이는 데도 크게 기여한다.

　먼저 그는 백화점 보석가게의 직원으로 등장한다. 그리고 바로 그 보석가게에 해리가 내연녀의 목걸이를 사기 위해 방문한다. 아내가 오기 전에 재빨리 선물을 사서 숨겨야 하는 해리를 앞에 두고 얄밉게도 그는 투철한 직업정신을 보이며 정성스럽게 목걸이를 포장해준다. 결국 계산도 하기 전에 아내가 나타나면서 해리의 내연녀 목걸이 사기 프로젝트는 실패로 돌아간다. 이 영화가 로맨틱 코미디임에도 불구하고 공포 영화에서나 느낄 법한 긴장감을 주는 장면이다. 뿐만 아니라 그는 런던 히드로 공항Heathrow Airport에서 대니얼의 아들 샘과 그의 그녀 '조애나'가 만날 수 있도록 도움을 주기도 한다. 이렇듯 감독은 지루할 수 있는 타이밍에 적절히 그를 등장시켜 새로움을 유발하고 흥미를 준다.

film locations

　런던을 대표하는 백화점에는 해롯Harrods, 리버티Liberty, 셀프리지Selfridges가 있다. 해롯은 고급스러운 인테리어에 가장 큰 규모를 자랑하며, 리버티는 140년이라는 오랜 전통을 지닌 고전적인 대주택 같은 느낌이다. 그리고 '셀프리지'는 런던에서 가장 대중적이고 트렌디한 백화점으로 우리가 흔히 생각하는 백화점과 비슷하다. 이 곳은 1909년에 영국에서 처음 미국식 백화점으로 오픈을 했는데, 초창기에는 관심을 받지 못하다가 점차 미국식 경영법이 소비자들의 이해를 얻기 시작하면서 런던의 대표적인 백화점이 되었다. 영화 〈러브 액추얼리〉의 촬영지로 알려진 뒤로는 런던을 대표하는 관광명소로도 유명해졌다.

셀프리지를 상징하는 색은 노란색으로 백화점이 위치한 본드 스트리트Bond Street, 옥스퍼드 스트리트Oxford Street에선 노란색 봉지를 들고 다니는 수많은 사람을 볼 수 있다. 지하 1층부터 지상 4층에 걸쳐 명품과 유명 브랜드, 레스토랑, 각종 편의 시설이 들어서 있으며, 지상 1층G Floor에는 다양한 음식을 저렴하게 먹을 수 있는 식품관이 있다. 양념치킨, 불고기 등 한식도 판매하고 있어 내게는 사막의 오아시스 같은 곳이다. 10파운드면 양념치킨에 볶음밥까지 먹을 수 있으며 맛도 꽤나 괜찮다.

런던에서 트렌드와 패션을 가장 잘 반영하는 셀프리지의 독특하고 개성 있는 쇼윈도는 무심코 지나치는 사람들의 발목을 붙잡는다. 실제로 전 세계의 패션 분야에 종사하는 많은 사람이 패션 트렌드를 조사하기 위해 이곳을 방문한다. 과거에는 셀프리지 쇼윈도가 미술계에서 성공을 거둔 많은 예술가의 작품을 상업적으로 전시하기 위해 사용되었다고 한다. 무엇보다 놀라웠던 것은 셀프리지가 최초로 텔레비전이 설치된 곳이라는 사실이다. 1925년 4월, 최초의 텔레비전을 시험하기 위해서였다고 한다. 런던은 백화점에도 역사가 담겨 있다.

Music

Both sides now (sound track)

영화 속에서 캐런은 조니 미첼을 이렇게 소개한다. "조니 미첼은 나의 스승이에요. 그녀의 음악은 지루한 삶을 살고 있는 내가 정서적으로 눈을 뜰 수 있게 해주었어요." 실제로도 조니 미첼은 화가이자 작곡가이자 가수로서, 그녀의 예술적 스펙트럼은 놀라울 정도로 광범위하다. 나는 특히 거칠고 솔직하지만 섬세하게 내면을 묘사하는 그녀의 가사가 참 좋다.

남편에게 상처받은 캐런이 홀로 방 안에 들어가 눈물을 흘리며 듣던 〈Both sides now〉는 그녀의 마음을 완벽하게 대변한다. "I've looked at love from both sides now. Somehow, It's love's illusions I recall(나는 사랑을 양쪽의 이면에서 모두 봤어요. 어찌 된 건지, 사랑의 환상만이 떠오르네요).' 감당하기 힘든 현실을 받아들일 준비가 되지 않아 행복했던 과거 혹은 환상 속의 희망에 갇혀 허덕이는 캐런의 모습이 보인다. 남편의 외도를 확신하고 나서도 아이들을 위해 그리고 남편을 위해 환상 속의 행복만을 바라보며 살아가는 그녀가 보인다. 조니 미첼은 깊은 목소리로 음악 안에 진중한 메시지를 담아 사회적으로 억압받고 있는 많은 여성을 위로하며, 공감하고, 힘이 되어주고 있다.

+
Info

셀프리지 Selfridges

□ **Add:** 400 Oxford Street, London W1A 1AB / 본드 스트리트 역에서 도보로 2분
□ **Time:** 월~토 9:30~22:00, 일요일 11:30~18:00
□ **Web:** www.selfridges.com

27 St Lukes Mews

오늘은 크리스마스니까, 세인트 루크스 뮤스 27번지

"아무런 희망이나 의도 없이
그냥 말하고 싶었어요.
오늘은 크리스마스니까."

_ 줄리엣을 향한 마크의 진심이 담긴 크리스마스 카드 중에서

친구의 아내 줄리엣을 사랑하는 마크는 '크리스마스에 거짓말을 하면 벌을 받는다'는 핑계로 그녀에게 고백을 하기로 결심한다. 그녀의 집 앞, 마크는 작은 오디오로 캐럴을 틀어놓고 진심이 담긴 크리스마스 카드를 한 장 한 장 넘기며 그녀에게 사랑을 고백한다. 줄리엣을 바라보는 마크의 맑고 푸른 눈동자는 누구라도 사랑에 빠지게 만들 것만 같다.

하지만 이루어질 수 없는 사랑이라는 걸 알기에 보는 내내 마음이 불편하고 씁쓸하다. 누구보다도 이 사실을 잘 알고 있는 듯, 마크의 무덤덤한 표정은 동정심까지 들게 한다. 왜 하필이면 가장 친한 친구의 아내를 사랑하게 된 건지, 단연 가장 답답한 건 마크 본인일 테지만. 간혹 우리 주변에서도 마크의 경우처럼 친구의 애인을 사랑하게 되는 안타까운 이야기를 접하곤 한다. 하지만 영화는 현실과 달리 충분히 아름다울 수 있는 것 아닌가.

군이 마크에게 이루어질 수 없는 가슴 아픈 사랑을 겪게 한 이유는 무엇일까? 감독은 마크를 통해 사랑에 뒤따르는 책임과 희생에 대해 말하려는 게 아니었을까. 단 한 번의 시험을 위해 수년간 공부를 하는 수험생처럼, 단 한 번의 공연을 위해 수천 번의 연습을 하는 가수처럼, 단 한 권의 책을 위해 매일 밤을 지새워 글을 쓰는 작가처럼. 아름다운 사랑을 꽃피우기 위해서 감당해야 하는 수많은 책임을 보여주려 한 건지도 모른다.

film
locations

마크의 고백 장면은 '세인트 루크스 뮤스 27번지 27 St Lukes Mews'에서 촬영된 것으로 영화 〈러브 액추얼리〉의 최고의 명장면으로 손꼽힌다. 아직까지도 많은 TV 프로그램과 광고에서 계속해서 패러디하고 있을 정도로 인기가 많다. 크리스마스 카

드 고백이라는 색다르고도 참신한 소재와 배우들의 열연이 잘 어우러져 오래도록 기억에 남는 명장면을 탄생시킨 것이다.

이곳에 가면 마크가 크리스마스 카드를 들고 고백을 하던 어두운 골목, 줄리엣의 분홍색 집 모두 영화 속 그대로인 것을 발견할 수 있다. 분홍색 집 앞에 가만히 서서 영화 속 고백 장면을 떠올린다면 마치 영화 안에서 여행을 하는 듯한 행복한 착각에 빠지게 될 것이다.

Silent night Holy night(sound track)

"당신은 내게 완벽한 사람이에요.
가슴 아파도 당신을 사랑할 거예요.
당신이 늙어 할머니가 될 때까지"

_ 줄리엣을 향한 마크의 진심이 담긴 크리스마스 카드 중에서

마크가 크리스마스 카드를 한 장 한 장 넘길 때 조용히 흘러나온 음악이다. 오스트리아의 교회음악가 프란츠 그루버 Franz Gruber가 작곡한 곡으로 그리스도 교도 뿐만 아니라 전 세계 사람이 즐겨 부르는 노래가 되었다. 우리나라에선 〈고요한 밤 거룩한 밤〉이라는 제목으로 알려져 있다.

가사는 마구간에서 탄생한 예수님에 관한 것이지만, 여전히 영화에 빠져 있는 나로서는 분홍색 문 앞에서 크리스마스 카드를 들고 사랑하는 여자를 바라보던 마크의 깊고 파란 눈동자가 생각날 뿐이다. 잔잔하고 부드러운 노래 선율이 상처로 물든 마크의 마음을 어르고 달래주는 것 같다. 조용한 동네 분위기와도 정말 잘 어울린다. 영화 속 장면으로 들어가 이 노래를 들으니 불안과 걱정으로 가득한 마음이 환기되어 여유가 생기고 이내 고요가 스며들어 평온이 찾아왔다.

세인트 루크스 뮤스 27번지 27 St Lukes Mews

□ **Add:** 27 St Lukes Mews, London W11 1DF / 웨스트본 파 크 역(Westbourne Park Station)에서 도보로 7분

101 Poplar Road

사랑을 찾아 달리다, **포플러 로드 101번지**

나탈리가 부서를 옮기고 난 후 데이비드는 그녀의 빈자리를 크게 느끼고,
그러던 중 운명처럼 그녀가 보낸 크리스마스 편지를 발견한다. 편지엔 데이비드를
향한 그녀의 진심이 고스란히 적혀 있었고 편지를 읽자마자 데이비드는 경호원과

경찰을 동원해 황급히 그녀가 살고 있는 동네로 출발한다. 하지만 정확한 주소를 모르는 그는 길게 늘어진 주택가에 도착해 무작정 문을 두드리기 시작한다. 홀로 사는 노인을 만나 덕담을 나누고, 아이들에게 크리스마스 캐럴을 불러주고, 해리의 내연녀를 만나는 등 여러 번의 시도 끝에 빨간색 문의 102번지에서 드디어 그녀를 다시 만난다. 특히 56번지 문 앞에서의 장면은 내가 제일 좋아하는 최고의 장면이다. 데이비드와 경호원이 아이들에게 크리스마스 캐럴을 불러주고, 그 노래에 맞춰 신나게 춤을 추는 아이들의 모습은 절로 미소를 짓게 한다.

he
says

때로는 말로 표현할 수 없는 감정이 글로 표현될 때가 있고, 컴퓨터로 작성하여 표현할 수 없는 감정이 손으로 쓰일 때 표현되기도 한다. 영화 속 나탈리의 진심이 담긴 크리스마스 카드처럼 손으로 직접 쓴 글은 우리의 생각보다 훨씬 대단한 힘을 가지고 있다. 하지만 편하게 문자를 주고받을 수 있는 여러 온라인 메신저가 생겨나면서 우리는 손으로 글을 쓰는 일과는 점점 멀어져 가고 있다. 메신저는 최소한의 의사소통 역할을 할 뿐 온전한 감정을 전달하기에는 한계가 있다. 그럼에도 우리는 메신저를 통해 사랑을 고백하고 이별을 통보한다. 컴퓨터의 기호로 작성된 글에서 과연 그 사람의 진정성이 느껴질까?

내가 손편지를 좋아하는 이유는 바로 이 진정성이 느껴지기 때문이다. 편지를 한 통 쓰는 일은 '받는 이'부터 '보내는 이'까지 사소한 단어 하나도 신중하게 생각하고 고민해야 할 정도로 큰 정성이 필요한 일이 아닐 수 없다. 편지에 담긴 정성은 보내는 이의 진정성을 느낄 수 있게 해준다. 이 글을 읽고 여행을 하게 된다면, 혹은 여행을 하고 있다면 예쁜 엽서에 진심을 가득 담아 소중한 사람에게 정성스러운 편지를 한 번 써보는 건 어떨까.

film
locations

영화 속에서 나탈리는 자신이 사는 동네를 달동네라고 소개하면서 '해리스 로드Harris Road'라고 말한다. 하지만 실제 영화 촬영지는 브릭스턴Brixton에 있는 '포플러 로드Poplar Road'이니 헷갈리지 말도록 하자. 이곳은 런던 중심가를 기준으로 남쪽으로 대중교통을 이용해 30~40분 정도 가야 한다. 영화에서는 달동네라고 표현되었지만 직접 보니 평화롭고 아늑한 느낌의 조용하고 안전한 동네였다. 게다가 5분 정도만 걸어가면 동네 주민들이 모여 있는 '러스킨 파크Ruskin Park'가 위치한다. 주민들에게 물어물어 공원 입구를 찾아 들어가는 순간 나는 너무 행복했다. 아무도 모르는 숨은 명소를 또 하나 발견한 것이다. 새로운 곳을 소개하기 위해 책을 쓰고 있는 나에게 숨은 명소를 찾아내는 일은 커다란 행복과 성취감을 가져다주었다.

공원에서 만난 주민들은 너무 친절했고 다들 여유로운 휴일을 보내고 있었다. 그들의 친절한 모습에서 여유로움을 느낀건지, 여유로운 환경 덕분에 그들이 친절한 것인지는 모르겠다. 하지만 넓은 들판을 뛰어다니는 강아지들과 작은 숲의 나

무에 매달려 있는 다람쥐들 그리고 호수에 모여 있는 오리 떼가 내 마음을 평온하게 해준 것은 분명하다. 날씨가 좋은 날엔 큰 나무 아래의 시원한 그늘에 누워 책 한 권을 읽어도 괜찮을 것 같다는 생각이 들기도 했다.

그린 파크Green Park, 하이드 파크Hyde Park처럼 관광객들에게 인기가 많은 왕립공원을 가는 것도 물론 너무 좋지만, 남들이 모르는 나만 아는 공원을 찾아내는 것은 런던에서만 할 수 있는 특별한 경험이다. 실제로 런던으로 여행을 왔던 사람들이 런던을 다시 찾는 가장 큰 이유 중 하나가 바로 도시 안에 있는 수많은 공원 때문이라고 한다. 뉴욕, 도쿄와 함께 세계 3대 도시로 알려진 런던에 누가 공원을 기대하고 올까 싶겠지만, 런던은 세계에서 비율적으로 가장 많은 녹지를 갖추고 있는 도시라고 한다. 내가 러스킨 파크를 발견했듯 누구나 나만 아는 공원 하나 정도는 쉽게 찾아낼 수 있으니 런던에 오게 된다면 꼭 도전해보기 바란다.

Music

Jump(For My Love) (sound track)

포인터 시스터즈The Pointer Sisters의 〈Jump (For My Love)〉는 수상 데이비드가
나탈리의 크리스마스 카드를 읽고 경찰을 동원해 그녀가 사는 동네로 다급하게 가
는 장면에서 배경으로 깔린다. 경쾌한 비트와 활기 넘치는 하모니가 나탈리를 찾아
헤매는 데이비드를 보고 있는 관객들에게 초조함과 긴장감을 더해준다. 이 노래는
데이비드가 관저에서 춤을 추는 장면에서 라디오에서 흘러나오기도 하는데, 절로 춤
을 추게 만드는 흥 넘치는 리듬감이야말로 이 노래가 가지고 있는 가장 큰 장점이다.

포인터 시스터즈는 1971년 미국 캘리포니아에서 세 명의 친자매로 결성된
보컬 그룹으로 1973년 앨런 투세인트Allen Toussaint의 〈Yes We can can〉을 리메이크하
면서 인지도를 얻기 시작했다. 80년대에는 많은 곡이 빌보드 차트에 올랐고 90년대
에는 뮤지컬에도 잠시 출연하기도 했다. 그녀들의 수많은 히트곡 중 〈Jump (For My
Love)〉는 그래미 어워드 최우수 그룹 수상이라는 영예를 안겨준 최고의 노래이자 의
미 있는 노래다.

"제 자신이 너무 미웠어요.
사실, 제 마음속엔 당신밖에 없거든요."

_ 공연을 보러 가는 차 안에서 나탈리가 데이비드에게 하는 말

포플러 로드 101번지 101 Poplar Road

□ **Add:** 101 Poplar Road, Brixton, London SE24
  0BL / 러프버러 정크션 역(Loughborough
  Junction Station)에서 도보로 5분

러스킨 파크 Ruskin Park

□ **Add:** Denmark Hill, Brixton, London SE5 8EL /
  덴마크 힐 역(Denmark Hill Station)에서
  도보로 3분
□ **Tel:** +44-(0)20-7926-0479
□ **Time:** 매일 6:00~19:30
□ **Web:** www.lambeth.gov.uk

St. Paul's Clapham 💚
고마워 그리고 사랑해, **세인트 폴 교회**

영원히 오지 않을 것만 같던 '조애나'의 장례식이 다가왔다. 대니얼의 아내이자 샘의 엄마인 조애나의 생전 모습이 담긴 영상이 장례식장 스크린에 비친다. 스크린에 비친 그녀의 아름답고 밝은 모습은 그녀를 더욱 그립게 만든다. 그녀를 대신해 남편 대니얼은 친지들에게 담담하게 작별인사를 한다. 담담해 보이는 목소리에서 느껴지는 희미한 떨림과 간혹 터져 나오는 한숨은 그가 아내를 잃은 슬픔과 고통을 억지로 참고 있음을 알 수 있게 한다. 작별인사가 모두 끝이 나고 교회 안에는 베이 시티 롤러스 Bay City Rollers의 〈Bye Bye Baby〉가 크게 울려 퍼진다. 무거운 분위기의 장례식과는 어울리지 않는 밝은 분위기의 이 노래는 생전의 조애나를 어렴풋이 상상할 수 있게 해준다.

사실 영화에서 생전의 모습으로 등장한 적 없는 조애나를 상상한다는 것은
섣부를 수 있다. 하지만 신기하게도 내 기억에 그녀는 항상 긍정적이며, 밝고 아름다
운 미소를 가진 여자로 남아 있다. 슬퍼 보이지만 슬프지 않고 무거워 보이지만 무겁
지 않은, 세상에서 가장 아름다운 장례식은 대니얼과 샘 그리고 장례식에 참석한 친
지들이 그녀를 아름다운 모습으로 영원히 기억할 수 있게 해준다.

사랑하는 사람을 떠나보내는 일은 삶을 살아가면서 겪는 가장 힘든 고통
중 하나일 것이다. 나에겐 항상 의지하고 존경하던 누나가 한 명 있었다. 대학교에서
만난 그녀는 나보다 고작 한 살 많았지만 내가 온전히 기댈 수 있는 유일한 사람이
었다. 그러던 어느 날, 그녀가 암에 걸렸다는 소식을 들었다. 그 소식을 듣자마자 병
원으로 달려갔지만 "힘내" "잘 될 거야"라는 말조차 쉽사리 꺼낼 수 없었다. 오히려
"괜찮아"며 나를 위로해주던 그녀였다. 그녀가 암에 걸렸다는 사실도 너무 고통스러
웠지만 그녀에게 해줄 수 있는 게 아무것도 없다는, 내가 가진 무능이 나를 무너지게
했다. 며칠 후 그녀의 어머니로부터 그녀가 하늘로 떠났다는 연락을 받았다. 수업을
듣고 있던 나는 바로 그녀의 장례식장을 찾아갔다. 사실 학교에서 장례식장으로 가
는 동안에도 그녀가 세상에 없다는 것이 실감이 나지 않았고 여전히 어딘가에서 나
를 응원해주고 위로해줄 것만 같았다. 하지만 장례식장에 도착해 그녀의 사진을 본
순간, 그녀의 죽음은 내게 온전히 다가왔다. 나는 그녀의 영정 앞에 서서 "미안해"라

는 말만 끝없이 반복했다. 그런 나에게 그녀의 어머니는 "괜찮아. 행복하게 올라갔어"라며 위로의 말을 건네주었다. 글을 쓰고 있는 지금도 마음이 아려온다. 당시에는 그녀의 죽음을 잊어 보겠다고 마시지도 못하는 술을 마시며 한동안 취해 잠들기도 했다. 사랑하는 사람을 처음으로 떠나보낸 나는 버티기 힘든 큰 슬픔 앞에서 서툴 수밖에 없었다.

이 글을 빌려 항상 내 편이 되어 주고 지금까지도 가르침을 주고 있는 내 삶의 선생님 같은 그녀에게, 이제는 미안하다는 말 대신 감사하고 사랑한다는 말을 전하고 싶다. "누나 고마워. 그리고 사랑해."

film locations

영화 속에서 조애나의 아름다운 장례식이 촬영된 곳은 클래펌Clapham에 있는 '세인트 폴 교회St. Paul's Clapham'이다. 런던 중심에 위치한 세인트 폴 대성당과는 전혀 다른 곳이니 착각하지 않도록 하자. 런던 중심에서 버스를 타고 30분 정도 이동하면 도착할 수 있다. 특별해 보일 것 없는 교회지만 영화 속 장례식 장면을 상상하니 괜히 마음이 뭉클해졌다. 안을 살펴보고 싶은 마음에 교회 뒤편에 있는 사무실로 찾아갔지만, 안타깝게도 교회 내부는 외부인의 출입을 금지하고 있다고 한다.

아쉬운 마음에 한참을 교회 밖을 둘러보던 중 의자 하나를 발견했다. 그 의자에는 'IN LOVING MEMORY OF JIM MUNSON / OCTOBER 1909 – MARCH 1995'라는 글귀가 쓰여 있었다. 한동안 짐Jim의 의자에 앉아 〈Bye Bye Baby〉를 들었다. 장례식장 스크린에 비친 조애나의 모습이 보이기도 하고, 어린 나이에 울지도 않고 씩씩하게 엄마를 보내주던 샘의 모습이 보이기도 했다. 그리고 항상 나를 응원하고 위로해주던 그녀의 미소가 보였다.

    그럼에도 아쉬운 마음이 남는다면 버스로 20분 정도의 거리에 있는 '배터 시 파크 Bettersea Park'를 찾아가는 것도 좋다. 초록색이 가득한 푸른 숲과 운치 있는 템 스 강을 함께 볼 수 있는 곳으로, 공원 중앙에는 보트를 탈 수 있는 호수와 어린아이 들을 위한 동물원도 있다. 무엇보다 배터시 파크에서 바라보는 '앨버트 브리지 Albert Bridge'는 아는 사람만 아는 관광명소 중 하나다. 어두워지면 하얀색 다리가 찬란한 빛으로 둘러싸인다고 해서 '밤의 다리'라는 별명이 붙었을 정도로 야경이 아름답다.

Bye Bye Baby (sound track)

조애나가 세상을 떠나기 전 마지막 작별인사 대신 장례식장에 울려 퍼진 노래는 베이 시티 롤러스의 〈Bye Bye Baby〉이다. 평범한 장례식장에서 들을 수 있는 무거운 분위기의 음악들과는 달리 이 노래의 밝고 희망찬 분위기는 영화에 신선함을 더해주면서 되레 더 극적인 슬픔을 안겨준다. 세인트 폴 교회는 세인트 폴 교회 파크 St. Paul's Clapham Park라는 작은 공원 안에 있는데 구석구석 누군가의 무덤 사이로 의자들이 숨겨져 있다. 적당한 의자에 앉아 이 노래를 들으면 영화 속 아름답던 장례식 장면이 하나둘 떠오를 것이다.

이 노래를 부른 베이 시티 롤러스는 스코틀랜드에서 결성된 5인조 록 밴드로 70년대에 전 세계적으로 유명한 틴 아이돌로 성장한다. 하지만 잦은 멤버 교체로 인기는 오래가지는 못했다. 그럼에도 밴드로서는 최초로 10대 팬층을 사로잡은 아이돌 그룹으로 가끔씩 아이돌의 원조라는 타이틀로 회자된다.

"내가 말한 후에 네가 날 미워해도
더 이상 머물 수 없어.
어쨌든 그녀에게 말해야 해.
안녕 베이비, 잘 있어.
날 울리지 말아줘."

_ 〈Bye Bye Baby〉 가사 중에서

세인트 폴 교회 St. Paul's Clapham

□ **Add:** Rectory Grove, Clapham, London SW4 0DR /
   클래펌 커먼 역(Clapham Common Station)에
   서 도보로 10분
□ **Tel:** +44-(0)20-7622-2128
□ **Time:** 예배시간 일요일 9:45, 그 외 다양한 활동시간
   은 홈페이지 참조
□ **Web:** www.stpaulssw4.org

배터시 파크 Battersea Park

□ **Add:** London SW11 4NJ / 배터시 파크 역(Bettersea
   Park Station)에서 도보로 2분
□ **Tel:** +44-(0)20-8871-7530
□ **Time:** 매일 8:00~22:30
□ **Web:** www.wandsworth.gov.uk/batterseapark

Place 8

Ark Putney Academy
내가 원하는 건 바로 당신, Ark 퍼트니 아카데미

film story
he says

샘은 동갑내기 친구 조애나를 진심으로 사랑하고 있다. 하지만 그녀에게 고백은커녕 말을 걸어보는 것도 샘에게는 쉽지 않다. 그러던 중 그녀가 미국으로 돌아간다는 안타까운 소식을 듣게 되고, 깊은 사랑의 고통에 빠진 샘은 아빠에게 고민을 털어놓는다. 샘의 고민을 들은 대니얼은 "세상에 사랑은 한 명만이 아니야"라고 위로의 말을 건네지만, 샘은 "케이트에게 디캐프리오처럼, 아빠의 사랑은 엄마뿐이잖아요. 내 사랑도 그녀 하나뿐이에요"라며 오히려 할 말을 잃게 만든다.

샘을 보고 있노라면 영국의 낭만파 시인 윌리엄 워즈워스 William Wordsworth의 '어린이는 어른의 아버지'라는 말이 떠오른다. 순수한 어린아이들 눈에 비친 세상은 어른들이 배워야 할 것들로 가득하다. 나이를 먹고 늙어갈수록 우리는 '나'라는 정체

성은 점차 잃어가고 사회의 한 구성원으로서 살아가게 된다. 결국 우리는 똑같은 안경을 끼고서 순수하게 세상을 바라볼 수 있는 눈을 잃게 된다. 하지만 아이들 눈에 비친 세상은 언제나 깨끗하다. 그들의 눈을 통해 세상을 바라보면 순수함으로 가득한 세상이 보인다. 어른과 아이가 같은 눈높이로 대화하는 것, 아이들이 아니라 오히려 어른들에게 필요한 게 아닐까.

샘은 고민 끝에 그녀가 떠나기 전 열리는 학교 연합 콘서트에서 밴드 공연을 계획한다. 악기를 한 번도 다뤄본 적 없던 샘은 독하게 연습한 끝에 밴드의 드러머로서 리드 보컬인 그녀와 함께 공연에 서게 된다. 시작을 알리는 관객의 박수 소리와 함께 샘의 그녀가 노래를 부르기 시작하고, 넓은 공연장을 가득 채우는 청아하고 순수한 조애나의 목소리는 콘서트에 참석한 모든 사람을 행복하게 만든다. 작은 체구로 여유롭게 드럼을 연주하는 샘의 모습도 너무 사랑스럽다. 우여곡절 끝에 그들의 공연이 성공적으로 끝나고 커튼이 걷히는데, 공연장 뒤에서 몰래 키스를 나누던 데이비드와 나탈리가 불현듯 등장해 웃음을 준다.

사랑의 힘으로 역경을 극복하고 샘이 사랑하는 조애나와 멋지게 공연을 펼친 이 장면은 'Ark 퍼트니 아카데미Ark Putney Academy'에서 촬영되었다.

All I want for Christmas is you (sound track)

"그녀에게 진심으로 사랑한다고 말하렴.
손해 볼 거 없잖아. 그렇지 않으면
평생을 후회할지도 몰라."

_ 공연을 성공적으로 마친 아들 샘에게 대니얼이 하는 말

학교 연합 콘서트 장면에서 샘의 연주에 맞춰 조애나가 불렀던 노래로 영화
〈러브 액추얼리〉에서 절대 빠질 수 없는 곡이다. 머라이어 캐리Mariah Carey의 대표곡으
로, 영화 속에서 조애나 역의 미국 배우이자 가수인 올리비아 올슨Olivia Olson이 부르면
서 다시 한 번 재조명되었다. 지금은 명실상부 최고의 크리스마스 캐럴로 인정받고
있다.

영화 속 공연장 안을 가득 메우던 청아하고 순수함이 묻어나는 그녀의 목소
리는 듣는 사람을 행복하게 한다. 영화 속 감동은 그녀의 노래를 들을 때마다 느껴지는
데, 그녀의 목소리가 〈러브 액추얼리〉를 크리스마스를 대표하는 영화로 자리잡게 만들
었다고 해도 과언이 아닐 정도다. 샘이 그녀를 사랑하게 된 이유를 알 것 같기도 하다.
실제 영화 촬영지에서 이 노래를 들으니 작은 손으로 스틱을 잡고 열심히 드럼을 치던
샘과 그런 샘을 가리키며 맑은 목소리로 노래를 부르던 조애나가 떠올랐다. 노래가 끝
날 즈음엔 무대 뒤에서 키스를 하다 커튼이 열리자 당황하며 대중들에게 손을 흔들던
데이비드와 나탈리가 생각나기도 했다. 좋아하는 영화를 다시 한 번 본 느낌이랄까.

Ark 퍼트니 아카데미 Ark Putney Academy

□ **Add:** Pullman Gardens, London SW15 3DG / 퍼트니 역
 　　(Putney Station)에서 도보로 15분
□ **Tel:** +44-(0)20-8788-3421
□ **Web:** www.arkputney.org

Waterloo Bridge 🖤

지독하게 런던스러운, **워털루 브리지**

'워털루 브리지Waterloo Bridge'에서 바라보는 런던의 풍경은 지독하게도 런던
스럽다. 영화 〈러브 액추얼리〉에서는 장면이 전환되는 잠깐의 순간에 비춰져 특별한
에피소드가 있지는 않지만, 런던을 대표하는 런던아이와 빅벤을 한눈에 담을 수 있
는 나만 아는 관광명소로 꼭 추천하고 싶은 곳이다.

　　오후의 풍경은 영화에서처럼 푸른빛이 가득한 청량한 느낌이며, 안개가 낄 때면 몽환적인 느낌이 든다. 해가 떨어지면 런던아이의 붉은 빛과 헝거포드 브리지 Hungerford Bridge의 푸른빛이 템스 강을 찬란하게 물들이면서 화려하고 로맨틱한 분위기를 형성한다. "워털루 브리지에 언제 가는 게 가장 좋을까요?"라고 묻는다면, 단연 "노을이 지기 전이요"라고 대답할 것이다. 워털루 브리지에서 바라보는 노을이 지는 런던의 모습은 형언할 수 없을 만큼 알 수 없는 무엇인가가 가득 차오름을 느끼게 한다.

　　워털루 브리지는 템스 강에 놓인 수많은 다리 중 내가 제일 좋아하는 다리이기도 하다. 런던으로 여행을 가게 된다면 노을이 질 무렵 워털루 브리지에 꼭 서 있기를 추천한다. 다만 한 가지 주의해야 할 점은 여름에는 저녁 9시는 되어야 해가 지고, 겨울에는 오후 3시만 되어도 해가 질 정도로 계절에 따라 일몰 시간의 차이가 심하다는 것이다. 노을을 보고 싶다면 계절과 시기를 고려해서 일정을 잡는 게 좋겠다.

One call away

　감정을 글로 표현하는 일은 더없이 즐거운 일이지만, 그만큼 한없이 고독하고 외로운 일이기도 하다. 키보드 위에 손을 올려놓고 몇 시간을 시작도 못하고 있을 때가 한두 번이 아니다. 시작했다 싶다가도 또다시 지우기를 반복한다. 아무것도 못하고 하루를 보내고 나면 그렇게 허무할 수가 없다. 그럴 때면 '난 역시 재능이 없구나' 하고 포기하고 싶은 생각이 들지만 그마저도 용기가 없다. 나만 겪는 특별한 일일 수도, 글을 쓰는 모든 사람이 겪는 흔한 일일 수도 있지만 글에 대한 고민과 걱정이 나를 가득 채울 때마다 나는 음악을 듣는다.

　특히 글에 대한 고민이 가득할 때 가장 많이 듣는 음악은 찰리 푸스Charlie Put의 〈One call away〉이다. 이 노래를 듣고 있으면 친한 친구에게 진심 어린 위로를 받는 기분이 든다. 가끔 외롭고 우울하긴 하지만 그렇다고 또 누군가를 만나고 싶지는 않을 때가 있다. 내 감정을 타인에게 들키고 싶지 않아 아무도 만나고 싶지 않지만 혼자 버티기 힘들 때, 이 노래는 나만 알고 있는 가장 친한 친구가 되어준다. 그리고 그는 나만이 들을 수 있도록 내 귀에 대고 이렇게 속삭인다. "I just wanna see you Smile(난 그냥 네가 웃는 모습이 보고 싶어)." 이 글을 읽고 있는 모두의 기분 좋은 여행을 바라는 마음으로 이 노래를 추천해본다.

워털루 브리지 Waterloo Bridge

□ **Add:** 워털루 역(Waterloo Station)에서 도보로 5분

> **"**
> 인생은 모두가 함께하는 여행이다.
> 매일매일 사는 동안 우리가 할 수 있는 건
> 최선을 다해 이 멋진 여행을 즐기는 것이다.
> **"**
>
> _ 팀의 독백 중에서

〈어바웃 타임〉, 2013
감독: 리처드 커티스
출연: 도널 글리슨(팀), 레이철 매캐덤(메리)

Location Map

- ❶ 브론즈버리 로드 59번지
- ❷ 애비 로드
- ❸ 마이다 베일 역
- ❹ 골본 로드 102번지
- ❺ 론즈데일 로드

- ❻ 조바스 그리크 타베르나
- ❼ 뉴버그 스트리트
- ❽ 테이트 모던
- ❾ 코트필드 가든스 26번지
- ❿ 런던 국립극장

59 Brondesbury Road

초록색 아니 보라색 문이 열리면, **브론즈버리 로드 59번지**

"난 미래와 인연을 찾아
런던으로 가는 기차에 몸을 실었다."

_ 시골을 떠나 런던으로 온 팀의 독백 중에서

film story
he says

  '팀'은 새로운 사랑과 꿈을 찾아 시골을 떠나 런던으로 가기로 결심한다. 기
대에 부푼 그의 마음만큼이나 큰 가방을 메고 아버지의 친구 '해리'의 집을 찾아가는

팀. 집 앞에 도착한 팀은 벨을 누르고 설레는 맘으로 해리를 기다린다. 그런데 문이 열리자마자 들려오는 소리가 팀을 당황스럽게 만든다. "뭐하는 망할 놈이야?" 팀은 해리의 신경질적이고 직설적인 성격에 처음에는 잠시 주춤하지만, 곧 특유의 적당히 바보 같은 순수함으로 해리와 좋은 룸메이트가 된다.

해리의 행동들을 보면 감정표현이 서툰 전형적인 '츤데레겉으로 퉁명스럽지만 속은 따뜻한 성격'가 생각난다. 친구의 부탁으로 친구의 아들을 자신의 집에 머물게 해주는 사람이 얼마나 될까? 또한 해리는 팀이 '메리'를 다시 만날 수 있게 해준 케이트 모스Kate Moss의 전시회 기사가 실린 신문을 팀에게 건네는 중요한 역할을 하기도 한다.

film
locations

영화 〈어바웃 타임〉 속 해리의 집이 있는 '브론즈버리 로드Brondesbury Road'에 가기 위해 나는 아침 일찍 길을 나섰다. 겨울철 런던은 스모그 때문에 하늘을 보기가 쉽지 않은데 그날은 웬일인지 맑은 하늘의 일출을 볼 수 있었다. 뜻밖의 선물을 받은 느낌이었다. 영국에서 오래 살다 보면 좋은 날씨에 감사하는 마음을 가지게 되는데 영국 여행이 최악 혹은 최고라고 극명하게 나뉘는 이유도 다 날씨 때문이다.

운 좋게도 동네를 돌아다니던 도중 정말 한산한 스타벅스 커피숍도 찾을 수 있었다. 새벽이 옅게 남아 있는 이른 아침, 노란색 조명 아래 구수한 커피 냄새 가득한 카페라니 도저히 들어가지 않고는 배길 수가 없었다. 결국 플랫화이트를 한 잔 주문했다. 커피를 마시며 그날의 일정과 여행 내내 들을 음악을 정리하고 아침의 여유를 충분히 즐긴 후에 여행을 나섰다. 발걸음이 사뭇 가벼웠다.

사실 영화 〈어바웃 타임〉을 따라 여행을 떠나기 전 가장 궁금했던 곳이 이곳 브론즈버리 로드 59번지였다. 여전히 해리는 그곳에서 글을 쓰고 있을까? 노크를 하면 나한테도 거친 말을 해줄까? 누가 살고 있긴 할까? 많은 생각이 들었다. 무엇보다 영화 속 모습이 그대로 남아 있을지가 가장 궁금했다. 영화를 따라 여행을 하고 있는 사람에게 영화 속 장소가 흔적도 없이 사라지는 일보다 절망스러운 일은 없

을 테니 말이다. 다행히도 현관문이 초록색에서 보라색으로 바뀐 것 말고는 큰 변함이 없었다.

　반가운 마음에 문 밖에서 이리저리 각도를 바꿔가며 열심히 사진을 찍어댔다. 그런데 갑자기 보라색 문이 열리는 게 아닌가. 그 순간 말도 안 되지만 '혹시 해리가?' 하는 생각이 들었다. 물론 해리는 아니었지만 그곳에 실제로 살고 있는 한 청년과 이야기를 나눌 수 있었다. 그는 "영화 〈어바웃 타임〉을 좋아하는 사람이 자기 집을 찾아와 영광"이라며 능청스러운 농담을 하기도 했다. 가끔씩 찾아오는 무례한 여행자들에 관해 듣기도 했는데, 개 중엔 집 안으로 들어오려고 한 사람도 있었다고 한다. 부디 이 책과 함께 여행하는 그대들은 여행을 온전히 즐기되 문화인으로서도 예절을 지키는 '우리'가 되어주기 바란다.

　그와 대화를 하며 문득 이런 생각이 들기도 했다. '영화처럼 여행하길 참 잘했다.' 영화의 흔적을 발견하는 기쁨은 물론, 그곳에서 실제로 살고 있는 이들과 짧게나마 이야기를 나누면서 영화 속 분위기와 공기, 주인공들의 감정의 온도를 그들의 시선으로 더욱 생생하게 상상할 수 있으니 말이다.

The about time theme (sound track)

　　영국의 가수이자 작곡가인 닉 레어드 클로우즈Nick Laird Clowes는 영화 〈어바
웃 타임〉의 음악감독으로 〈The about time theme〉를 작곡했다. 이 곡은 영화 속에서
가장 많이 사용된 음악 중 하나로 대표적으로 팀이 시골을 떠나 런던으로 가는 장면
과 팀이 메리를 처음으로 만나게 되는 블라인드 식당으로 가는 장면에서 흘러나온다.

　　이따금 새로운 인연 혹은 일이 다가올 것만 같은 느낌이 들 때가 있다. 그
순간이 아직 다가오지 않아 뭐라 설명할 수는 없지만 분명히 무엇인가 다가오고 있
다고 느껴질 때, 이 곡은 그런 감정의 분위기를 고조시키는 역할을 한다. 마치 영화
속 팀의 상황처럼. 특히나 몽실몽실 커지는 시작의 설렘을 한껏 느낄 수 있는데 기대
를 품고 해리의 집을 찾아가던 팀의 모습과 잘 어울린다. 이 글을 읽고 이곳을 찾는
다면 반드시 함께 들어보기 바란다. 영화 속 해리의 집에서 보았던 수많은 장면이 마
음을 가득 채워줄 것이다.

브론즈버리 로드 59번지 59 Brondesbury Road

　□ **Add:** 59 Brondesbury Road, North Maida Vale, London
　　　NW6 6BP / 퀸스 파크 역(Queen's Park Station), 킬
　　　번 파크 역(Kilburn Park Station)에서 도보로 10분

Abbey Road

비틀스와의 시간여행, **애비 로드**

he says

　　팀이 해리의 집을 찾아가는 장면에서 우스꽝스러운 포즈를 취하며 사진을 찍어대는 사람들이 한 신호등에 모여 있다. 팀의 반응처럼 영화를 보는 나도 '도대체 무슨 신호등이길래?'라는 의문이 들었다. 다름 아닌 '애비 로드Abbey Road'이다.

애비 로드는 비틀스의 마지막 앨범 재킷이 촬영된 곳으로 알려지면서 런던의 대표적인 관광명소가 되었다. 정작 본인들은 먼 곳으로 촬영가는 것이 귀찮아 녹음 스튜디오 앞에서 찍은 것이라고 한다. 앨범 사진 속 폴 매카트니 Paul McCartney는 신발을 신지 않고 있는데, 이 때문에 많은 논란이 있기도 했다. 비틀스의 마지막 앨범은 제5의 멤버로 거론되고 있는 프로듀서 조지 마틴 George Martin의 제안으로 시작되어 1969년 9월 29일 녹음 스튜디오가 있는 애비 로드의 이름을 따서 발매되었다. 그러나 1970년 4월 10일, 폴 매카트니의 솔로 앨범 발표와 멤버들 간의 성향 차이로 비틀스는 해체된다.

그러나 그로부터 40년이 훌쩍 지난 지금까지도 전 세계의 많은 사람이 비틀스의 흔적을 따라 이 신호등을 찾는다. 내가 영화의 흔적을 따라 여행을 하는 것처럼 말이다. 가이드를 하면서 좋은 여행이란 많이 보고 많이 배우는 것이라고 생각한 적이 있다. 그런데 지금은 그 생각이 완전히 바뀌었다. 좋은 여행이란, 각자의 갈증과 감정을 해소하고 또 채울 수 있는 대로 하면 되는 것이다.

film
locations

애비 로드를 가기 전까지만 해도 내가 아는 비틀스의 음악은 〈Let it be〉, 〈Hey Jude〉 정도가 전부였다. 비틀스와 시대가 달라 음악을 들어볼 기회가 많지 않았다면 핑계가 될까. 실제로 목격한 그들의 인기와 영향력은 가히 생각 이상이었다. 아침 일찍 도착했는데도 불구하고 애비 로드의 신호등에는 많은 사람이 와 있었다. 덩달아 분주해져 빨리 삼각대를 설치하고 본격적으로 사진을 찍으려는데 불행히도 역광이라 좋은 사진이 나오지 않았다. 기다렸다가 해가 질 무렵에 다시 찾아갔는데 그때까지도 여전히 사람이 많았다. 이른 아침부터 저녁까지 소위 '비틀스의 신호등'에서 사진 한번 찍어보겠다고 찾아오는 사람들이 끊이질 않으니 동네 주민들이 관광객들 때문에 고충이 심하다는 게 한편으론 이해가 되었다.

애비 로드에는 몰리는 관광객만큼이나 귀여운 모습도 많이 목격할 수 있다.

똑같이 옷을 맞춰 입고 온 친구들, 손자부터 할아버지까지 함께 온 대가족들 많은 이들이 각자의 소중한 인연들과 함께 추억을 남기기 위해 이곳을 찾는다. 혼자 간 나로서는 조금 쓸쓸한 기분이 들기도 했다. 혼자 여행을 하게 된다면 애비 로드에는 동행을 구해서 가는 것도 좋겠다. 같이 우스꽝스러운 포즈를 취하며 사진을 남기다 보면 좋은 인연을 만날 수도 있지 않을까?

　　애비 로드의 신호등 옆에는 비틀스가 직접 앨범 녹음 작업을 했던 '애비 로드 스튜디오Abbey Road Studio'가 있다. 이곳은 비틀스뿐만 아니라 스티비 원더Stevie Wonder, 레이디 가가Lady GaGa, 마룬파이브Maroon 5 등 세계적인 뮤지션들이 녹음을 위해 찾는다. 특히, 팬들의 진심 어린 염원이 담긴 낙서가 가득한 스튜디오의 흰색 담장이 인상적이다.

　　애비 로드 스튜디오 옆에는 '애비 로드 숍The Abbey Road Shop'이 있다. 아늑한 분위기에 아기자기한 기념품부터 티셔츠, 앨범, 헤드폰, 악기까지 비틀스에 관한 다양한 기념품을 판매하고 있다. 의외로 귀여운 기념품이 많아 비틀스의 팬이라면 꼭 가야 하는 곳이다.

Here comes the sun

영화 속 장면에서는 〈The about time theme〉가 흘러나왔지만, 애비 로드에서 촬영된 만큼 비틀스의 음악을 추천하고 싶다. 비틀스의 마지막 앨범 《Abbey Road》는 비틀스 앨범 중에서도 최다 판매기록을 보유하고 있으며 영국에서 19주간 차트 1위를 독점했을 정도로 명반으로 알려져 있다. 사실 멤버들 간의 갈등으로 비틀스다운 조화로움보다는 각 멤버의 개성을 느낄 수 있는 앨범이자 비틀스에게 마지막이 다가오고 있음을 느낄 수 있는 앨범이다. 무려 11개의 명곡 중에 어떤 걸 소개해야 하나 굉장히 오래 고민한 끝에 〈Here comes the sun〉으로 결정했다. 이 곡의 작곡가이자 비틀스의 막내 조지 해리슨George Harrison은 폴 매카트니와 존 레넌John Lennon의 큰 그림자에 가려져 내내 빛을 보지 못하고 있었다. 심지어 그는 한 앨범 안

에 자신의 곡을 2곡 이상 실을 수 없도록 압박을 받았다고 한다. 자신의 음악을 인정해주지 않아 설움을 느꼈을 조지 해리슨은 마지막 앨범에서 이렇게 노래한다. "춥고 외로운 긴 겨울이었어요." "정말 오랜 시간이었지만, 드디어 해가 떠오르네요."

　학업의 그림자에 가려, 취업의 그림자에 가려, 미래에 대한 걱정과 불안의 그림자에 가려 외롭고 긴 겨울을 보내고 있는 사람들이 따뜻한 봄을 맞이할 수 있기를 바라며 이 음악을 추천한다. "Here comes the sun And I say, It is all right(해가 떠오르면 이렇게 말할래요, 모두 다 괜찮아요)."

애비 로드 Abbey Road

□ **Add:** Abbey Road Zebra Crossing, 2 Abbey Road, London NW8 0AH / 세인트 존스 우드 역(St John's Wood Station)에서 도보로 5분

애비 로드 숍 The Abbey Road Shop

□ **Add:** Abbey Road Studios, 3 Abbey Road, London NW8 9AY / 세인트 존스 우드 역에서 도보로 5분
□ **Tel:** +44-(0)20-7266-7355
□ **Time:** 월~토 9:30~17:30, 일요일 10:00~17:00
□ **Web:** www.shop.abbeyroad.com

Maida Vale Station

사랑한다면 이들처럼, **마이다 베일 역**

       팀은 열렬한 노력 끝에 메리와 뜨거운 밤을 보내게 되고, 두 사람은 더 이상 팀의 짝사랑이 아닌 서로 사랑하는 사이로 발전한다. 둘의 첫 아침은 조금 어색해 보이기도, 얼떨떨해 보이기도 하지만 잡은 두 손에서 사랑의 진지함이 묻어난다. 팀과

메리는 출근을 위해 집에서 가까운 '마이다 베일 역Maida Vale Station'으로 향한다. 서로 다른 방향의 지하철을 타야 하기에 어쩔 수 없이 짧은 헤어짐을 맞는다. 잠깐의 헤어짐도 아쉽다는 듯 키스를 하고 무겁게 발걸음을 옮기는 모습은 사랑스러운 두 주인공의 애틋함이 느껴지는 더없이 로맨틱한 장면이다.

또한 이곳에서 촬영된 팀이 해리의 집으로 짐을 들고 가는 장면, 팀의 여동생 '킷캣'이 메리에게 매달리는 장면 등은 두 주인공의 관계가 점점 깊어져 가는 것을 자연스럽게 보여준다. 특히, 일상에 지친 팀과 메리가 말없이 눈빛으로 서로를 위로하며 손을 잡고 에스컬레이터를 올라가는 장면은 서로에 대한 진심을 다시금 확인하게 하는 순간이다.

영화 속의 모든 장면을 기억하기란 쉽지 않지만 한참이 지나도 기억에 선명하게 남는 장면이 하나 정도는 있기 마련이다. 영화 촬영지도 마찬가지다. 직접 봐도 감흥이 없는 곳이 있는가 하면 보고 난 뒤에도 여운이 남는 곳이 있다. 영화 〈어바웃 타임〉의 촬영지 중 가장 긴 여운이 남아 있는 곳이 바로 마이다 베일 역이다. 그곳에서 느낀 팀과 메리의 순수한 사랑과 설렘 가득한 두근거림은 아직도 내 안에 따뜻한 온도로 남아 있다.

마이다 베일 역 장면에서 흘러나오던 노래 〈How long will I love you〉를 틀어놓고 영화 속 한 장면의 사진을 들어 가만히 들여다봤다. 정말 신기하게도 사진 속 주인공들이 춤을 추듯 움직이기 시작했다. 가끔씩 친구들과 찍은 졸업사진을 볼 때면 그때의 순간들이 생생하게 기억나 사진 속 친구들이 움직이는 것만 같을 때가 있다. 물론 진짜로 움직이지는 않지만 내 머릿속에서 영화 속 장면들이 파노라마처럼 선명하게 떠오르는 경험을 했다. 이곳에서 팀과 메리는 항상 손을 잡고 출근을 했고, 헤어지기 전에 키스를 했으며, 집으로 돌아갈 때도 꼭 손을 잡고 함께 돌아갔던 것이다.

　　내가 영화 〈어바웃 타임〉을 좋아하는 이유는 영화를 보고 나면 사랑에 대한 갈증이 생기기 때문이다. 이성에 크게 관심이 없는 나조차도 '사랑하게 된다면, 이 둘처럼 하고 싶다'는 생각이 들 정도니 말이다. 혹시 이 글을 읽고 있는 당신에게 소중한 사람이 있다면 영화 속 팀과 메리처럼 서로의 손을 잡고 마이다 베일 역을 걸어보는 건 어떨까. 얼마 되지 않은 서로에게는 믿음을, 너무 익숙해져 친구 같은 서로에게는 설렘을 가져다주는 마법 같은 일이 생길지도 모른다.

"당신의 눈은 사랑스러워요.
물론, 당신의 다른 전부도요."

_ 팀의 대사 중에서

How long will I love you (sound track)

영국의 포크 밴드 벨로우헤드Bellowhead의 멤버 존 보든Jon Boden이 부른 노래로 기교 없는 기타와 그의 목소리는 순수한 팀과 메리의 사랑을 더욱 로맨틱하게 만들어준다. 이 곡의 가사는 마치 팀이 메리에게 불러주는 노래 같기도 하다. "내가 당신을 얼마나 오래 사랑할 수 있을까요?" "당신 위로 별들이 떠 있는 동안", "내가 당신을 얼마나 오래 필요로 할까요?" "계절이 돌고 도는 동안", "내가 당신 곁에 얼마나 오래 있을까요?" "바다가 모래를 밀어 올리는 동안" 사랑을 속삭이는 노랫말이 사랑하는 사람과 함께하는 시간의 소중함을 알려준다. 한편으로는 시간여행이라는 영화의 주제와도 절묘하게 어울리는 듯도 하다.

이 노래는 엘리 굴딩Ellie Goulding이라는 가수가 가녀린 목소리로 차분하게 부르기도 했다. 컨트리한 느낌을 좋아한다면 존 보든의 음악을, 세련된 느낌을 좋아한다면 엘리 굴딩의 음악을 추천한다.

마이다 베일 역 Maida Vale Station

☐ **Add:** Elgin Ave, Maida Vale, London W9 1JS
☐ **Tel:** +44-(0)34-3222-1234
☐ **Web:** www.tfl.gov.uk

102 Golborne Road
아름다운 런던의 밤거리, **골본 로드 102번지**

과거로 시간여행을 할 수 있는 능력을 갖게 된다면 아마 대부분은 복권 당첨과 같은 물질적인 성취가 우선이 될 것이다. 그런데 정작 이런 능력을 가진 팀은 첫눈에 반해버린 메리를 만나기 위해 열심히 사용한다. 우여곡절 끝에 팀은 메리와 데이트를 하게 되고, 둘은 한순간도 대화가 끊이지 않을 정도로 함께 있는 시간이 즐겁다. 분위기 좋은 식당에서 식사를 마치고 나온 메리와 팀. 메리는 귀여운 표정으로 팀에게 묻는다. "혹시 내 차까지만 데려다줄래요?" 둘은 못다 한 대화를 나누며 런던의 밤거리를 걷기 시작한다. 한참을 걸어 메리의 집 앞에 도착을 하고, 메리는 실은 자기 차가 집 근처에 있었다고 고백한다. 이 얼마나 귀여운 수법인가. 메리의 집 앞에서 둘은 첫 키스를 나누며 서로의 마음을 확인하고 집으로 함께 들어간다.

방에 도착한 메리는 팀에게 말한다. "잠옷으로 갈아입고 올 테니 당신은 1분 후에 들어와서 제 옷을 벗기면 돼요." 메리가 사라지고 팀은 초조하게 시계를 보는데 평소보다 60초란 시간이 길게 느껴진다. 오랜(?) 기다림이 끝나고 팀은 방 안으로 들어간다. 우당탕거리며 어리바리한 모습에 손놀림조차 어설픈 것 같지만 상대방이 놀라지 않게 천천히 그리고 조심스럽게 다가가는 그의 모습이 순수해 보이기도 한다. 처음부터 끝까지 너무 조심스러웠던 걸까, 아니면 기승전결이 너무 없었던 걸까. 메리는 사랑이 끝나고 시큰둥한 반응을 보인다. 자존심이 상한 팀은 과거로의 시간여

행으로 능수능란한 모습과 짐승다운 매력을 보여준다. 그런데 메리의 말이 웃음을 자아낸다. "당신은 한 번으로 만족할 수 있나요?"

런던의 밤거리는 위험할 정도로 로맨틱할 때가 있다. 테스코Tesco 같은 마트에 가보면 작은 병에 와인을 담아서 파는데 홀짝홀짝 마시면서 런던의 밤거리를 걷다 보면 아름다운 모습에 취해 저도 모르게 쉽게 사랑에 빠질 수 있으니 조심하자. 당신의 런던에서의 밤거리가 아름답게 빛나길.

film
locations

팀이 메리를 데려다주며 소소한 대화를 나누고 둘의 아름다운 첫 키스가 이루어졌던 분홍색 문의 메리의 집은 '골본 로드 102번지102 Golborne Road'에 위치한다. 노팅 힐 근처에 있는, 카페와 골동품 상점이 많은 아기자기한 분위기의 동네다.

내가 메리의 집을 찾아 골본 로드에 갔을 때는 오전 11시 정도였는데 도착하자마자 놀라지 않을 수 없었다. 영화 속 메리의 집 오른쪽에 있던 '골본 델리Golborne Deli'라는 카페가 여전히 남아 있었기 때문이다. 마침 아침을 못 먹고 나와 여기서 간단한 식사를 하기로 했다. 카페 안은 테이블이 4개밖에 없을 정도로 소소한 규모에 소박하지만 편안하고 여유로운 분위기를 풍겼다. 메뉴는 햄버거부터 잉글리시 블렉퍼스트까지 워낙 다양해서 쉽게 고를 수가 없었다. 직원에게 메뉴를 추천받아 홍차와 페이스트리를 주문했다. 몸을 녹여주는 따뜻한 홍차와 치즈가 잔뜩 들어간 페이스트리의 조합은 꽤 괜찮았다.

사실 음식이나 분위기도 좋았지만 직원들이 친절해서 정말 좋았다. 조금은 귀찮을 수 있는 질문에 웃으며 친절하게 대답해주어 기억에 남는다. 영국에서 이렇

게 서비스가 좋은 카페는 흔치 않다. 아마도 지역 주민들이 즐겨 찾는 여유로운 카페라서 일하는 사람들도 친절한 게 아닌가 싶다.

친절한 직원들과 즐거운 대화를 나누고 여유롭게 식사를 마치고 나와 본격적으로 골본 로드를 둘러보았다. 그러나 영화 속 배경은 어두운 저녁인데 그보다 이른 시간에 오니 사진이 마음처럼 담기질 않았다. 하는 수 없이 카페 영업이 끝나는 7시에 다시 찾아오기로 했다. 근처의 포토벨로 시장을 정신없이 둘러보니 어둠이 찾아왔다. 시간에 맞춰 골본 로드에 다시 도착했을 때 나는 또 한 번 놀랐지 않을 수 없었다. 밤의 골본 로드는 정말로 영화 속 장면과 완벽히 일치했다. 메리와 팀이 첫 키스를 하던 장면에서 흘러나온 폴 뷰캐넌Paul Buchanan의 〈Mid Air〉는 고요함을 노란색 가로등으로 밝혀주는 골본 로드에 매력을 더해주었다.

Music

Golborne Road (sound track)

　　웃음과 대화가 끊이지 않던 팀과 메리의 공식적인 첫 데이트가 끝나고 팀이 메리를 집으로 데려다주는 장면에서 〈Golborne Road〉가 흘러나온다. 이 곡은 차분한 피아노 연주로 시작되는데 마치 팀과 메리의 발걸음에 맞춰 건반이 두드려지는 느낌이다. 중간쯤에 이르러서는 긴장감이 고조되는 분위기로 바뀌는데 아직은 어떻게 될지 모르는 팀과 메리의 관계를 표현하는 듯도 하다. 음악이 끝남과 동시에 아슬아슬하고 알 듯 말 듯 한 둘의 관계는 확실하게 마무리된다. 음악은 이내 폴 뷰캐넌의 〈Mid Air〉로 전환되고 둘은 첫 키스를 나누며 서로에게 마음을 열기 시작한다.

　　물론 두 곡 모두 골본 로드에서 듣기에 손색이 없다. 하지만 개인적으로 피아노 연주만으로 팀과 메리가 함께 걷던 거리를 표현하고 있는, 곡의 제목처럼 골본로드와 가장 잘 어울리는 〈Golborne Road〉를 좀 더 추천하고 싶다. 이 곡을 들으며 골본 로드를 걷다 보면 팀과 메리가 서로를 사랑스러운 눈빛으로 바라보며 소소한 대화를 나누고 즐겁게 걸어가는 모습이 상상되어 흐뭇한 미소를 짓게 될 것이다.

+
Info

골본 로드 102번지 102 Golborne Road

- □ **Add:** 102 Golborne Road, London W10 5PS / 래드브룩스 그로브 역, 웨스트본 파크 역에서 도보로 10분

골본 델리 Golborne Deli

- □ **Add:** 102 Golborne Road, London W10 5PS / 래드브룩스 그로브 역, 웨스트본 파크 역에서 도보로 10분
- □ **Tel:** +44-(0)20-8969-6907
- □ **Time:** 월~토 7:30~19:00, 일요일 9:00~18:00
- □ **Web:** www.golbornedeli.com

Lonsdale Road

선명하게 아찔했던 그 장면, **론즈데일 로드**

팀은 여동생 킷캣을 '요정 같은 눈을 가진 세상에서 가장 경이로운 존재'라고 표현한다. 집에서 항상 신발을 신지 않고 뛰어다니는 엉뚱하고도 매력적인 킷캣은, 새해 전야제에서 만난 '지미'라는 훈훈한 남자와 사랑에 빠지게 된다. 하지만 애초에 둘은 어울리지 않는 커플이었다. 실제로 영화가 전개될수록 둘의 관계는 안 좋은 쪽으로 흘러간다. 특히 팀과 메리의 결혼식 장면을 보면 잘 알 수 있다. 결혼식이 시작될 때 지미와 킷캣은 같이 앉아 있지만 지미는 장례식장에 와 있는 듯 불편한 표정이다. 그 이후로 둘이 결혼식에서 함께 있는 모습은 찾을 수 없다. 지미는 세상 가장 행복한 표정으로 다른 여자의 입에 파이를 넣어주고 있을 뿐이다. 애초에 지미는 그런 남자였던 것이다. 결국 킷캣은 술에 잔뜩 취해 지미와 싸우고 운전을 하다 사고가 나고 만다.

"남자들은 다 나빠요.
항상 자유를 누리면서 대가를 치르지 않으려고 하죠."

_ 팀과 메리의 결혼식장에서 삼촌의 물음에 킷캣이 하는 말

film
locations

　　　　영화 속에서 킷캣의 교통사고 장면이 촬영된 곳은 '론즈데일 로드Lonsdale Road'이다. 주택과 도로가 그대로 남아 있어 아찔했던 영화 속 장면을 쉽게 떠올릴 수 있다. 영화 속 한 장면의 사진을 들어 촬영지를 감상하니, 남자친구 지미에게 상처받고 매일 같이 술에 취해 방황하며 외롭게 살아가는 킷캣의 모습과 감정들이 떠올라

마음이 아프기도 했다. 지금까지의 영화 촬영지 중 가장 영화 속 그대로의 모습을 유지하고 있는 곳이기도 해 그만큼 생동감 있는 감상을 할 수 있었다.

론즈데일 로드 근처에는 영화 〈노팅 힐〉의 촬영지인 포토벨로 마켓이 있다. 걸어서 5분이면 갈 수 있을 정도로 가까우니 찾아가는 것도 좋겠다. 클래식 카메라, 망원경, 도자기, 낡은 책, LP 등 정말 다양한 종류의 골동품과 중고품을 판매하는 곳으로 한번 이곳의 매력에 빠지면 도무지 헤어나올 수가 없다. 장이 여는 토요일에는 많은 사람으로 거리가 가득 메워지는데, 사실 포토벨로 마켓의 진정한 매력은 현지인들과 관광객들을 한데서 볼 수 있다는 것이다. 관광객들에게는 골동품 시장으로 유명하지만, 현지인들에게는 싱싱한 청과물 시장으로 유명하기 때문이다. 포토벨로 마켓에 오면 설레는 마음으로 골동품을 이리저리 고르는 관광객들의 모습은 물론 현지인의 삶을 가까운 곳에서 살펴볼 수 있다.

Music

짐

론즈데일 로드에서는 킷캣의 감정을 느낄 수 있는 노래를 들으며 그녀와 공감하고 싶다. 킷캣은 가족 안에서 가장 많은 관심과 사랑을 받는 존재다. 하지만 그녀는 사랑하는 사람에게 받은 외면과 상처 그리고 자신이 겪고 있는 고독과 외로움을 가족들에게 쉽게 털어놓지 못한다. 그녀는 모든 짐을 혼자 짊어지고 그저 쓰러지지 않으려 버티고 버틴다. 그러다 더 이상 버틸 수 없을 만큼 무거워지자 그 짐과 함께 쓰러져버리고 만다. 이렇게 혼자서 모든 것을 짊어지려는 킷캣 혹은 그대들이 들었으면 하는 노래가 있다. 바로 러비Lovey의 〈짐〉이다.

러비는 대중적으로 많이 알려진 가수는 아니지만 목소리에 강한 치유의 힘을 가지고 있다. 선명하고 따뜻한 온도를 가진 그녀의 목소리는 차갑고, 무거운 마음으로 방황하고, 힘들어하는 사람들을 공감하고 위로해준다. 사회에 상처받고, 사랑에 상처받고, 자신에게 상처받은 많은 사람의 차가운 마음을 그녀의 목소리가 따뜻하게 녹여내 주기를 바란다.

+ Info

론즈데일 로드 Lonsdale Road

▫ **Add:** Lonsdale Road, London W11 2DE / 웨스트본 파크 역, 노팅 힐 케이트 역에서 도보로 10분

포토벨로 마켓 Portobello Market

▫ **Add:** Portobello Road, London W11 1LA / 노팅 힐 게이트 역, 래드브룩스 그로브 역에서 도보로 10분
▫ **Tel:** +44-(0)79-2283-2872
▫ **Time:** 월~수 9:00~18:00, 목요일 9:00~13:00, 금~토 9:00~19:00, 일요일 휴무
▫ **Web:** www.portobellovillage.com

Place 6

Zoba's Greek Taverna

더없이 로맨틱한, 조바스 그리크 타베르나

몇 번의 시간여행 끝에 팀은 메리와 공식적인 데이트를 할 수 있게 된다. 로맨틱한 분위기를 풍기는 예쁜 식당에서 마주 앉은 팀과 메리. 둘의 대화는 다소 낯선 말로 시작된다. "그래서, 직업이 뭐예요?" 생각해보니 팀은 메리가 무슨 일을 하는지, 어디에 사는지 심지어 몇 살인지조차 모른다. 그런데도 진심 어린 사랑에 빠진 것이다. 아마도 첫눈에 반한다는 게 이런 게 아닐까.

팀은 첫눈에 반한 메리와 소소한 대화를 나누기 시작하고, 팀이 변호사라는 것을 들은 메리는 말한다. "정장을 입고 법정에서 사람들 생명을 구하는 일, 섹시하지 않아요?" 그리고 출판사에서 일하고 있는 메리에게 팀이 말한다. "당신이 사무실에 앉아서 책을 들고 글을 읽는 모습이야말로…"

한적한 식당에서의 적당한 소음은 서로를 바라보며 소소하지만 진솔한 대화를 나누는 팀과 메리를 더욱 사랑스럽게 만들어준다. 만약 둘의 데이트가 음악이 크게 나오는 펍이나 사람이 많은 식당에서 이루어졌다면 이만큼의 로맨틱한 분위기는 풍기지 않았을 것이다.

"정장을 입고 법정에서
사람의 생명을 구하는 일,
섹시하지 않아요?"

_ 팀의 직업이 변호사라는 것을 듣고 메리가 하는 말

　　팀과 메리의 로맨틱한 데이트 장면은 '조바스 그리크 타베르나Zoba's Greek
Taverna'라는 식당에서 촬영되었다. 런던의 대표적인 부촌 중 하나인 베이스워터
Basewater에 자리하고 있으며 깔끔하게 정돈된 건물에서 고급스러움이 느껴진다. 그
런데 사전 조사에서 알아본 이 식당의 평점은 그리 좋지 않았다. 별점은 굉장히 낮
았고 리뷰 또한 대부분이 혹평이었다. 도대체 얼마나 별로일지 궁금하기도 하고, 영
화 촬영지는 가능한 한 모두 경험하고 싶었기에 실패를 각오하고 식당 안으로 들어
갔다.

테이블은 10개 정도로 규모는 작지 않았으나 내가 방문했을 때 손님은 가족 한 테이블이 전부였다. 덕분에 메리와 팀이 앉아서 식사를 하던 자리를 쉽게 차지할 수 있었다. 조용하고 여유로운 것이 일단은 느낌이 좋았다. 나는 영화 속에서 팀을 사랑스럽게 바라보던 메리의 사진을 꺼내서 가만히 들여다봤다. 그러자 주인으로 보이는 수염이 덥수룩한 아저씨가 다가와 주문을 받으면서 묻는다. "혹시, 한국인이세요?" 들어보니, 영화 〈어바웃 타임〉을 보고 이곳을 찾아오는 한국인이 많다고 한다. 한국인들이 유난히 이 영화를 좋아하기 때문인 것 같다(물론 내가 제일 좋아하는 영화도 〈어바웃 타임〉이다).

　　주문을 위해 메뉴를 살펴보는데 종류가 굉장히 많아 고르기가 힘들었다. 제일 무난한 포크 케밥을 시켰다. 돼지고기를 익혀서 꼬치에 끼워 볶음밥과 함께 주는데 생각보다 괜찮은 맛이었다. 기대를 하나도 안 하고 가서 그랬을까. 다만 성인 남성 한 끼로는 많이 부족한 양이었다.

밥을 먹으며 식당을 꼼꼼히 살
피는데 반가운 모습이 눈에 들어왔다. 영
화 속에 나왔던 식당의 흰색 커튼이 아
직까지 똑같은 자리에 그대로 있는 것이
다. 그러고 보니 테이블 배치도 영화와
똑같았다. 덕분에 팀과 메리의 즐거운 데
이트 장면을 상상하는 데 큰 도움이 되
었다. 음식의 양은 다소 아쉽긴 했으나 여유로운 분위기에서 영화 속 장면을 떠올리
기에는 충분히 적당했다.

Good together

　　영화 속 팀과 메리의 식당 데이트 장면에서는 특정 음악이 사용되지 않았다. 그래서 어떤 음악이 어울릴지 정말 오랜 고민을 했다. 일단 나는 팀과 메리의 감정에 초점을 맞춰보기로 했다. 팀은 자신의 모든 능력을 발휘하여 메리를 만나기 위해 노력을 쏟고 있고, 메리는 그런 팀이 싫지 않은 눈치지만 아직 마음이 확실하지는 않다. 순간, 설렘이 감도는 분홍빛의 따뜻함이 느껴지는 음악이 생각났다. 바로 영국의 일렉트로니카 소울 듀오 혼네Honne의 〈Good together〉이다. 혼네는 뚜렷한 개성을 보여주는 실험적인 음악을 통해 전 세계적으로 많은 인기를 끌고 있는 그룹이다. 개인적으로 정말 좋아하고 사랑하는 뮤지션이기도 하다.

　　〈Good together〉는 영화 속 메리에 대한 팀의 간절한 마음을 닮은 듯한 가사들이 많다. "I dream in all the time, Girl. Waking up warm in your arms and without a care(난 항상 꿈꿔왔어. 따뜻한 너의 품에서 걱정 하나 없이 일어나는걸)." 팀이 메리와 가까운 사이로 발전하고 싶어 하는 것처럼, 한 남자가 한 여자에게 조금 더 다가가고 싶어 하는 마음을 담아내고 있는 것 같다. 혼네의 앨범에는 이 곡 이외에도 〈Warm on a cold night〉, 〈3am〉 등 좋은 곡들이 가득하니 그들의 음악을 들으며 런던을 기대하고 추억해보는 것도 나쁘지 않을 것이다.

조바스 그리크 타베르나 Zoba's Greek Taverna
_____

　□ **Add:** 36 Leinster Gardens, Paddington, London W2 3EH / 퀸스웨이 역
　　　(Queensway Station), 베이스워터 역(Bayswater Station)에서 도보로 7분
　□ **Tel:** +44-(0)20-7262-5358
　□ **Time:** 8:00~24:00(사정에 따라 변동)

Newburgh Street

영화 & 쇼핑 & 펍, **뉴버그 스트리트**

두근거림이 귀에 들릴 정도로 설레본 적이 있는가? 영화 〈어바웃 타임〉을 보면서 두근거림이 귀에 들릴 정도로 정말 설렜던 장면이 있었다. 바로 블라인드 식

당 앞에서 팀이 메리가 나오길 기다리던 순간이다. 블라인드 식당에서 로맨틱한 식사를 마치고 나온 팀과 친구 '제이'는 초조하게 파트너를 기다린다. 제이의 파트너 '조애나'가 먼저 모습을 드러내고 제이는 털털하고 세련된 스타일의 조애나가 마음에 드는지 그녀가 나오자마자 작업을 걸기 시작한다. 조애나는 택시를 잡기 위해 제이를 데리고 사라진다.

화면 가득 설레는 장면은 이제 시작된다. 팀은 조용한 거리에서 홀로 그녀를 기다리는데, 잠깐의 정적이 흐르고 이내 커튼 사이로 메리가 등장한다. 이때 메리의 모습은 팀의 마음뿐만 아니라 영화를 보고 있는 관객의 마음까지도 사로잡는다. 나는 궁금해지기 시작했다. 이 순간 세상에서 가장 아름다운 메리에게 팀은 무슨 이야기를 할지, 메리는 어떤 대답을 할지, 팀이 그녀를 사로잡을 수 있을지 말이다. 팀은 의외로 서두르지 않고 조심스럽게 자신의 마음을 표현한다. 그리고 메리는 팀이 진심으로 자기를 좋아하는지가 궁금하다. 입고 있는 옷은 괜찮은지, 머리 색깔은 잘 어울리는지, 최근에 자른 앞머리가 이상하진 않은지 사소한 것들을 수줍게 묻는 그녀가 너무 사랑스럽다.

두 사람은 서로의 마음을 확인하고 번호를 주고받는데 메리는 이대로 헤어지는 게 아쉬운지 몇 번이나 뒤를 돌아본다. 팀의 시선에 비친 메리의 모습은 당장 달려가 그녀를 붙잡고 싶을 정도로 아름다웠고, 또 그만큼 아쉬움 가득한 장면이기도 했다. 하지만 팀은 여기서 만족하는 것 같다. 사실 아무런 기대도 없던 상황에서 메리라는 매력적인 여자를 만나게 된 것만으로도 큰 보람인데 그녀의 전화번호까지 알게 되었으니 충분한 것 같기도 하다. 그리고 모든 것에는 과정이 필요하다고 하지 않았던가. 물론 영화를 보는 관객들은 두 사람의 로맨스를 당장 보지 못해서 너무 아쉽긴 하지만 말이다.

"낡고 쓸모없는 휴대폰이라고 생각했는데
갑자기 저에게 가장 소중한 물건이 됐네요."

_ 메리에게 전화번호를 받고 팀이 하는 말

팀이 블라인드 식당을 나와 설레는 마음으로 메리를 기다리던 장면은 '뉴버 그 스트리트Newburgh Street'에서 촬영되었다. 건물의 위치와 색은 영화 속 모습과 비슷하지만, 사람들로 가득한 이 거리에서 영화에서와 같은 고요함을 기대하기란 다소 힘든 것이 사실이다. 뉴버그 스트리트는 런던에서 쇼핑으로 유명한 카나비 스트리트 Carnaby Street를 중심으로 뻗어 난 거리 중 하나로 늘 사람들로 북적인다. 카나비 스트리트는 20, 30대가 좋아할 만한 대중적인 브랜드가 모여 있어 젊은이들에게 인기가 많다. 특히 중심에 있는 슈프림 Supreme 매장은 매일 같이 줄을 서서 들어갈 정도로 인파가 몰린다. 유니크한 제품이나 한정판들을 판매하고 있다고 하니 패션에 관심이 많다면 기억해두기 바란다.

한편 이곳에는 '화이트 홀스 The White Horse'라는 내가 평소 즐겨 찾는 펍이 하나 있다. 런던에서 처음으로 영국의 펍 문화를 경험해본 곳이기도 하다. 영국 사람들은 대부분 맥주잔을 들고 펍 앞에 나와 맥주를 마시는데 이곳은 그중 특히 활기가

넘친다. 부끄러워할 필요도 창피해할 필요도 없다. 런던은 관광객들에게 가장 사랑받는 도시인만큼 런던 사람들은 관광객들을 이방인이라고 생각하지 않는다. 오히려 친근하게 다가오는 경우가 더 많다. 활기찬 분위기에서 사람들과 대화를 하며 맥주를 마시고 싶다면 주말 저녁 펍을 찾아가자. 혹시 조용하고 여유롭게 맥주와 펍 음식을 경험해보고 싶다면 평일 오후가 좋다. 대표적인 펍 음식으로는 피시앤칩스와 수제버거가 있는데, 개인적으로 화이트 홀스에서 파는 수제버거는 셰이크쉑버거shake shack burger보다 괜찮은 것 같으니 맛보는 걸 감히 권해본다.

Mid Air (sound track)

감독 리처드 커티스는 메리와 팀이 처음 마주하게 되는 장면에서 많은 고민을 한 것 같다. 아닌 게 아니라 영화는 블라인드 식당이라는 기발한 연출로 어둠 속에서 서로에 대한 기대감을 최대치로 끌어올리고 있다. 드디어 둘은 식당에서 나와 서로를 처음 마주하게 되고 설렘은 이미 커질 대로 커져 귀가 먹먹할 정도로 심장은 두근거린다. 당장이라도 서로의 손을 잡고 정열적인 로맨스가 시작될 것 같지만, 그들은 천천히 그리고 진심으로 한 발짝 한 발짝 서로에게 다가간다.

이렇게 섬세한 감정을 묘사되고 있는 장면에 어떤 음악을 넣어야 할지 감독은 분명히 많은 고민을 했을 것이다. 결국 이 세상에서 팀과 메리의 첫 만남과 가장 잘 어울리는 폴 뷰캐넌의 〈Mid Air〉가 나오게 된다. 이 곡은 잔잔한 피아노와 어울리는 부드러운 목소리로 시작되는데 가사를 들어보면 조심스럽게 반걸음 그리고 한 걸음 천천히 메리에게 다가가는 팀의 모습이 선명하게 그려지면서 그의 설렘 가득한 감정이 더욱 생동감 있게 다가온다. "Only time can make you the wind that blows away the leaves(오직 시간만이 너를 낙엽을 날리는 바람으로 만들 수 있어)." "I think I see you everywhere(난 어디에서나 네가 보여)."

뉴버그 스트리트 Newburgh Street

- □ **Add:** Newburgh Street, Soho, London W1F / 옥스퍼드 서커스 역(Oxford Circus Station)에서 도보로 5분

화이트 홀스 The White Horse

- □ **Add:** 16 Newburgh Street, Soho, London W1F 7RY / 옥스퍼드 서커스 역에서 도보로 5분
- □ **Tel:** +44-(0)20-7494-9748
- □ **Time:** 월~목 10:00~23:00, 금~일 10:00~23:30
- □ **Web:** www.nicholsonspubs.co.uk

Tate Modern

영국 현대 미술의 상징, **테이트 모던**

팀은 해리의 공연을 성공적으로 만들어주기 위해 과거로 시간여행을 한다. 그 결과 해리는 성공적으로 공연을 마치지만 부작용으로 메리의 번호가 휴대폰에서 지워지고 만다. 그녀와의 시간이 사라져버린 것이다. 팀은 허겁지겁 메리와 처음 만

났던 블라인드 식당으로 향하지만 그녀는 이미 떠나고 없다. 팀은 세상이 끝난 것만 같다. 다음 날 아침, 해리는 자신의 공연 기사가 신문에도 났다며 팀의 염장을 지른다. 그런데 운명이었던 걸까. 해리가 건넨 신문을 받아 펼쳐보는데 케이트 모스의 전시회가 열리고 있다는 게 아닌가. 메리는 케이트 모스의 광팬이다. 팀은 그녀가 전시회에 나타날 것을 확신하곤 곧바로 집을 나선다.

   팀은 전시회장에서 메리가 가장 잘 보일 만한 의자에 앉아 그녀를 기다리기로 한다. 매일 같은 장소에서 그녀를 기다리지만 다른 수많은 사람만이 지나갈 뿐이다. 깔끔하게 차려입고 눈인사를 건네는 영국 신사, 미술관을 돌아보는 것이 힘들었는지 팀의 어깨에 기대 잠시 눈을 붙이는 아주머니, 팀에게 염장을 지르듯 달콤한 키스를 하는 커플, 관광을 온 것 같은 여대생들. 이렇게 많은 사람 중에 메리는 없다. 팀은 잠시라도 자리를 비울 수 없어 그 자리에서 사과, 초코바, 파이로 식사를 때우기도 한다. 며칠이 지나고 그의 초조함이 커져갈 무렵, 드디어 그녀가 나타난다.

　　영국은 2000년을 맞이해 새천년을 기념하기 위한 밀레니엄 프로젝트를 진행하는데 실질적인 취지는 낙후된 런던 남쪽 지역의 재개발이었다. 프로젝트는 성공적이었고 '테이트 모던Tate Modern'과 '런던아이London Eye'는 그 대표작이라 할 수 있다. 영화 〈어바웃 타임〉에서 팀이 자신의 기억이 지워진 메리를 만나기 위해 찾아간 전시회장이 바로 테이트 모던 현대 미술관이다.

　　테이트 모던은 과거 화력발전소로 사용된 오래된 폐건물을 리모델링하면서 지금과 같은 모습을 갖추게 되었다. 테이트 모던이 위치한 서더크Southwark는 런던에서 가장 낙후된 지역 중 하나였는데 테이트 모던이 만들어지면서 매년 530만 명의 사람들이 이곳을 찾고 있을 정도로 지역이 활성화되었다. 데이트 모던은 개인적으로 런던의 미술관 중 가장 선호하는 곳이기도 하다. 현대 미술은 보는 사람의 관점에 따라 다양하게 해석을 하면서 즐길 수 있다는 점이 고전작품을 보는 것보다 더 재밌고

매력적으로 느껴지기 때문이다. 테이트 모던의 옥상 전망대 카페에서는 런던 시티를 한눈에 볼 수도 있다. 특히 해 질 무렵에는 멋진 석양을 감상할 수 있으니 꼭 방문해 보기 바란다. 매주 금요일과 토요일은 밤 10시까지 연장운행을 하고 있으니 하루 일정을 마치고 이곳에서 야경을 보는 것도 괜찮다.

Friday I'm in love (sound track)

더 큐어 The Cure 는 1978년 영국에서 데뷔한 펑크 록 밴드로 기괴하고 어두침 침한 음악 스타일과 창백한 피부에 진한 화장이 트레이드마크다. 뮤직비디오를 보면 특유의 음악 세계관과 개성을 느낄 수 있는데 실제로도 많은 밴드에게 영향을 주었 다고 한다. 우리나라의 록 밴드 델리스파이스 Delispice 가 이 밴드의 영향을 받은 것으 로 알려져 있다.

영화 속 테이트 모던 미술관에서 팀이 메리를 기다리는 장면에서는 더 큐어 의 〈Friday I'm in love〉가 흘러나온다. 이 곡은 금요일에 사랑에 빠질 것이니 다른 요 일은 조금 힘들어도 괜찮다는 긍정적인 메시지를 담고 있다. 팀이 지금은 메리를 만 나기 위해 여러 고난을 겪고 있지만 나중에는 누구보다 아름다운 사랑을 나누게 될 것이라는 복선의 메시지가 담겨 있는 듯도 하다. 사실 〈Friday I'm in love〉가 전하는 메시지는 우리에게도 필요하다. 사랑을 시작하기 위해 신뢰를 쌓는 과정이 필요한 것처럼, 꽃을 피우기 위해 낙엽이 지는 과정이 필요한 것처럼, 글을 쓰기 위해 끊임 없이 고민하는 과정이 필요한 것처럼 그리고 상처가 아물기 위해 딱지가 생기는 지 금처럼 말이다. 나는 조금 힘들어도 괜찮다.

Info

테이트 모던 Tate Modern

- **Add:** Bankside, London SE1 9TG / 서더크 역에서 도보로 10분
- **Tel:** +44-(0)20-7887-8888
- **Time:** 일~목 10:00~18:00, 금~토 10:00~22:00
- **Web:** www.tate.org.uk

26 Courtfield Gardens

당신의 눈은 사랑스러워요, **코트필드 가든스 26번지**

미술관에서 '루퍼트'라는 메리의 남자친구를 만나게 된 팀은 시간여행을 위해 이것저것 귀찮게 묻기 시작한다. "두 분은 언제 만난 거죠? 정확히요?" "파티는 어디서 열었는데요?" 그 모습이 약간 스토커처럼 보이기도 해 메리는 팀을 의아해하지만 노력 끝에 파티 장소와 시간을 알아낸다. "코트필드 가든스 26번지, 8시 30분"

이 말을 듣자마자 팀은 배가 아프다면 화장실로 달려가 다시 한 번 시간여행을 한다.

와인 한 병을 들고 파티장 안으로 들어가는 팀. 파티의 주최자인 조애나는 파티장을 찾은 팀을 보고 말한다. "혹시, 저 아세요?" 당연히 알고 있을 리 없다. 하지만 팀은 자신을 메리의 친구라고 소개하며 거짓말을 한다. 그리고 아무도 없는 테라스에 혼자 있는 메리를 발견한다. 팀의 머릿속에는 오로지 메리뿐이다.

아는 사람 하나 없는 파티장에서 자신의 존재도 모르는 그녀에게 데이트를 신청하려면 얼만큼의 용기가 필요할까. 팀은 답답한 스타일 같지만 의외로 사랑 앞에서, 아니 메리 앞에서는 누구보다 용감한 존재였다. 메리에게 다짜고짜 말을 걸고 그녀가 좋아하는 케이트 모스 얘기를 하며 그녀의 관심을 사로잡는 데 성공한다. 그리고 메리에게 말한다. "당신의 눈은 사랑스러워요. 물론, 당신의 다른 전부도요." 팀의 진심은 그대로 메리에게 전해지고 둘은 함께 파티장을 나선다. 마침 파티장으로 루퍼트가 들어오며 인사를 건네지만 팀은 가볍게 무시해버린다. 팀의 질투가 느껴져 작은 웃음이 나는 장면이기도 하다.

팀이 메리를 찾아 헤매던 파티장에서의 장면이 촬영된 곳은 '코트필드 가든스 26번지26 Courtfield Gardens'이다.

Dilemma

"No matter what I do, All I think about is you(내가 무엇을 하든, 생각하는 건 당신뿐이에요)." "Even when I'm boo, You know I'm crazy over you(담배를 피우고 있을 때도 나는 당신에게 미쳐 있어요)." 넬리Nelly의 〈Dilemma〉(Feat. 켈리 롤랜드Kelly Rowland)의 한 소절로, 영화 속에서 팀이 조애나의 파티장에 도착했을 때 흘러나온다. 2002년에 발표되었지만 아직까지도 신선하고 세련된 느낌으로 많은 사람이 찾아 듣고 있다.

팀은 자신의 시간여행 능력을 대부분 메리를 위해 사용하는데, 이 노래는 특히나 메리로 가득 차 있는 팀의 마음을 적나라하게 표현해주고 있다. 메리를 향한 간절한 팀의 마음, 사랑스러운 메리의 모습, 그 모든 것을 이어주는 음악까지 이처럼 완벽하기란 쉽지 않다. 게다가 이 노래는 영화에서 파티장의 스피커를 통해 잔잔히 전해진다. 사소한 것 하나 놓치지 않는 감독의 욕심과 노력이 돋보이는 장면이기도 하다. 이렇게 영화〈어바웃 타임〉은 보면 볼수록 디테일한 부분들이 끊임없이 발견되어 몇 번을 봐도 질리지 않는 매력을 가졌다.

코트필드 가든스 26번지 | 26 Courtfield Gardens

□ **Add:** 26 Courtfield Gardens, Earls Court, London SW5 0PH /
얼스 코트 역(Earl's Court Station)에서 도보로 10분

National Theatre

오직 런던만이 주는 힐링, **런던 국립극장**

film
story

　　팀은 직장 동료인 '로리'와 함께 영화를 보러 간 곳에서 우연히 첫사랑 '샬
럿'을 만나게 된다. 3년간 짝사랑했던 그녀 앞에 서니 평소보다도 말이 잘 나오질 않
는다. 샬럿은 친구와 저녁을 먹으러 가야 한다면 작별 인사를 하고 떠나고, 떠나는
그녀를 팀보다 로리가 더 아쉬워한다. 그만큼 샬럿은 외모부터 몸매까지 완벽한 매
력적인 여자였다. 그렇게 샬럿과 팀의 만남은 싱겁게 끝나는 듯했다. 그런데 갑자기
샬럿이 가던 길을 돌아와 팀에게 저녁을 먹자고 한다.

　　둘은 분위기 좋은 식당에서 식사를 하며 좋은 시간을 갖는다. 사실 팀은 과
거 샬럿에게 두 번이나 고백을 했다 거절당한 적이 있다. 그런 팀에게 샬럿은 말한
다. "시간을 되돌릴 수만 있다면, 절대 거절하지 않았을 거야." 오랜만에 만난 팀의

변화된 모습을 보고 매력을 느꼈던 걸까. 식사가 끝나고 샬럿은 팀에게 집에 데려다 달라고 부탁한다. 집 앞에 도착한 샬럿은 팀을 유혹하는데, 그 순간 팀은 어떤 깨달음을 얻은 표정을 짓는다. 메리가 아닌 사람과는 사랑에 빠질 수 없다는 깨달음이었을까. 그는 어디론가 열심히 뛰어간다.

영화 속에서 팀과 로리가 영화를 보러 간 곳은 서더크에 위치한 '런던 국립 극장 National Theatre'이다. 서더크는 내가 런던에서 제일 좋아하는 지역이기도 하다. 이곳에서 템스 강변을 따라 걷다 보면 빅벤부터 시작해서 런던아이, 세인트 폴 대성당, 밀레니엄 브리지 Millennium Bridge 등 멋진 야경을 볼 수 있다. 영화 속에서 팀이 첫사랑 샬럿의 유혹을 뿌리치고 메리에게 프러포즈를 하기 위해 뛰어가는 장면 역시 국립극장 앞 템스 강변과 '골든 주빌리 브리지 Golden Jubilee Bridge' 사이에서 촬영되었다. 골든 주빌리 브리지는 엘리자베스 여왕의 즉위 50주년을 기념해 기존의 헝거포드 브리지를 골든 주빌리 브리지로 명명하고 보행자만 다닐 수 있는 다리로 개축한 것이다.

　해가 질 무렵 템스 강변의 벤치에 앉아 음악을 들으며 사색을 즐기는 일은 런던에서만 느낄 수 있는 즐거움 중 하나다. 강물에 비치는 런던을 보고 있으면 떠오르지 않던 영감, 감성, 아이디어가 금방이라도 튀어나올 것 같은 느낌이다.

　런던에서 야경투어를 진행할 때가 있었다. 빅벤에서 타워 브리지Tower Bridge 까지 손님들과 함께 걸으며 영국을 소개하고, 일정이 끝나갈 무렵에는 함께 템스 강을 바라보며 사색하는 시간을 갖곤 했다. 적당한 음악을 틀어놓고 음악이 끝날 때까지는 아무런 말도, 아무런 행동도 하지 않고 가만히 사색하며 자신이 걸어온 길을 되돌아보는 시간을 가졌다. 다들 처음에는 오글거린다며 질색하곤 하지만 음악이 나오면 누구 하나 빠짐없이 몰입하기 시작한다. 여행을 할 기회가 많지 않으니 최대한 많은 것을 보고 배우는 것이 우선되겠지만 가끔씩은 정리하고 감상하는 시간도 필요한 법이다.

Music

지친 하루

런던 국립극장은 팀이 첫사랑을 만났던 장소인 만큼 처음에는 첫사랑과 어울리는 노래를 생각했다. 하지만 첫사랑을 추억하는 것도 좋지만, 나는 이 글을 읽고 여행을 하는 사람들이 이곳 런던에서 지친 마음을 위로하는 힐링을 경험했으면 한다. 그런 의미에서 서더크의 템스 강변이야말로 런던의 밤을 대표할 만한 곳이다. 여기에 음악이 더해지면 "아, 내가 정말 런던에서 여행을 하고 있구나" 하고 실감할 수있다. 날씨가 괜찮다면 편의점에서 캔 맥주를 사서 사색을 즐기는 것도 좋겠다. 윤종신의 〈지친 하루〉를 들으면서 말이다.

이 노래는 가이드 시절 투어를 마무리하고 손님들과 다 같이 사색할 때 듣던 곡으로 현재를 살고 있는 모든 사람이 공감할 수 있는 메시지를 담고 있다. "미안해 내 사랑 너의 자랑이 되고 싶은걸, 지친 내 하루 위로만 바라" "옳은 길 따윈 없는걸, 내가 가는 이 길이 나의 길" 노래의 가사처럼 우리는 사랑하는 사람에게 자랑스러운 존재가 되고 싶어 한다. 부모님, 친구, 연인에게 자랑스러운 사람이 되고 싶다. 하지만 내가 걷고 있는 길은 항상 그들에게 부끄럽기만 하다. 그럼에도 내가 가는 이 길이 나의 길이라며 응원해주는 건 참 고맙게도 그들뿐이다. 그들을 생각하며 오늘은 어제보다 한 걸음 더 걸어본다. 이 노래를 들으며 무거운 그대의 마음이 조금은 덜어지길 바라본다.

"미래에 대해 걱정하는 건 풍선껌을 씹어서
방정식을 풀겠다는 것만큼 소용없는 짓이라고 했다.
사람의 인생에 있어서 정말 심각한 문제는
항상 생각조차 해보지 못한 것이기 때문이다."

_ 팀의 독백 중에서

런던 국립극장 National Theatre

□ **Add:** Upper Ground, South Bank, London SE1 9PX /
　　워털루 역에서 도보로 7분
□ **Tel:** +44-(0)20-7452-3000
□ **Time:** 월~토 10:00~23:00 (매표소 마감 20:00)
□ **Web:** www.nationaltheatre.org.uk

골든 주빌리 브리지 Golden Jubilee Bridge

□ **Add:** 엠뱅크먼트 역(Embankment Station),
　　워털루 역에서 도보로 5분

66

잊지 말아요.
나 또한 단지 여자일 뿐이라는 걸요.
한 남자 앞에 서서 사랑을 구하는….

99

_ 윌리엄에게 용서를 구하러 간 애나가 자신의 진심을 담아 하는 말

〈노팅 힐〉, 1999
감독: 로저 미첼
출연: 줄리아 로버츠(애나 스콧), 휴 그랜트(윌리엄 대커), 휴 보네빌(버니)

Films in London 6

Surreal but nice

노팅 힐

Notting Hill

Location Map

280 Westbourne Park Road

파란 문은 사랑을 싣고, **웨스트본 파크 로드 280번지**

film story
film locations

영화 〈노팅 힐〉에서 처음 소개할 촬영지는 '윌리엄'과 그의 괴짜 친구 '스파이크'가 함께 살던 파란 문의 집 '웨스트본 파크 로드 280번지280 Westbourne Park Road'이다. 영화 〈노팅 힐〉의 많은 장면이 이곳에서 촬영되었는데, 첫 장면은 이렇게 시작된다.

　　스파이크는 윌리엄에게 자기가 가진 옷들을 보여주면서 소개팅에 무얼 입고 나가면 좋을지 조언을 구한다. 하지만 그의 옷들은 하나같이 유치한 프린팅이 그려져 있다. 결국 'You're the most beautiful in the world(당신은 세상에서 가장 아름다운 여인)'라고 쓰인 티셔츠를 입고 나가기로 한다. 이 장면만으로도 우리는 스파이크의 특이 성향을 어느 정도 파악할 수 있다. 나중엔 그의 경솔한 행동으로 윌리엄은 '애나'와 헤어지게 되기도 하는데 그럼에도 윌리엄은 스파이크를 원망하거나 미워하지 않는다. 오히려 그에게만큼은 솔직하게 마음을 털어놓기도 한다. 물론 도움이 될 만한 위로를 받는 건 아니지만 진심을 털어놓을 수 있다는 것만으로도 스파이크는 윌리엄에게 꽤 괜찮은 룸메이트가 아닐까?

"사랑은 저런 거죠.
마치 싣고 푸른 하늘을
나는 것 같은 느낌"

_ 샤갈의 작품 〈행복한 부부〉를 보면서 애나가 윌리엄에게 하는 말

윌리엄의 집은 윌리엄과 애나가 첫 키스를 나눈 곳이기도 하다. 윌리엄은 오렌지 주스를 사서 서점으로 돌아가는 길에 세계적인 여배우 '애나 스콧'에게 오렌지 주스를 쏟고 만다. 옷이 엉망이 된 그녀는 어쩔 수 없이 옷을 갈아입기 위해 윌리엄의 집으로 향한다. 애나가 옷을 갈아입고 집을 나서려는 순간 윌리엄은 그녀를 잡아보려 썰렁한 농담을 던지며 갖은 수를 써보지만 쉽지가 않다. 그렇게 그녀는 서둘러 파란 문을 열고 떠나버린다. 그런데 몇 초 후 초인종이 울리고 그녀가 다시 들어온다. 그리곤 가방을 놓고 갔다는 핑계를 대더니 그에게 갑자기 키스를 한다. 평범하고 소심한 돌싱남 윌리엄과 화려하고 아름다운 여배우 애나의 첫 키스이다. 적극적으로 키스를 주도하는 애나에 비해 어리둥절한 윌리엄은 두 발로 서 있는 것이 할 수 있는 전부다. 환상과 현실 사이 어딘가에 있을 법한 짧은 키스가 끝나고 윌리엄은 능청스러운 농담으로 분위기를 이어간다. 하지만 스파이크가 집으로 들어오면서 둘의 로맨틱한 분위기는 아쉽게 끝이 난다.

Will and Anna (sound track)

영화 〈노팅 힐〉에서 파란 문이 달린 집은 윌리엄과 애나에게 큰 의미가 있는 장소로 그려진다. 이곳에서 두 사람은 첫 키스를 하고, 행복한 하루를 보내고, 사랑을 나누기도 한다. 오로지 달빛만이 비치는 어둠 속에서 그들은 서로의 체온을 나누는데, 마침 트레버 존스Trevor Jones가 작곡한 〈Will and Anna〉가 흘러나오며 한여름 밤의 꿈 같은 신비로운 분위기를 연출한다. 파란 문 앞에서 이 음악을 듣고 있으면 그들이 함께 소소한 하루를 보내던 로맨틱한 장면들이 떠오른다.

혹시 윌리엄의 괴짜 친구 스파이크를 만나고 싶다면 영국의 여성 브릿팝 밴드 텍사스Taxas의 〈In Our Lifetime〉을 추천한다. 스파이크가 빨아 놓은 옷이 없자 빨간색 잠수복을 입고 아침밥을 먹는 장면에서 깔리는 음악으로, 독특하고 묘한 느낌이 통통 튀는 매력을 가진 스파이크를 상상하기에 충분하다.

웨스트본 파크 로드 280번지 280 Westbourne Park Road

□ **Add:** 280 Westbourne Park Road, London W11 1EH / 래드브룩스 그로브 역, 웨스트본 파크 역에서 도보로 10분

The Travel Book Shop

여행 중 찾아가는 여행전문서점, **트래블 북숍**

윌리엄은 노팅 힐Notting Hill 구석진 곳에 자리잡은 서점을 운영하고 있다. 매일 같이 말끔히 양복을 입고 나가 열심히 관리해보지만 생각만큼 수완이 좋지는 않다. 정상적인 손님들보다 '여행전문서점'에서 소설을 찾는 아저씨, CCTV 앞에서 책을 훔치는 백수 같은 무례한 손님들이 더 많기 때문이다. 그러던 어느 날 한적한 서

점에 세계적인 여배우 애나 스콧이 찾아온다. 윌리엄은 애나에게 책을 추천해주며 살갑게 말을 걸어보지만 돌아오는 건 표정 없는 차가운 대답뿐이다. 그녀의 선글라스 뒤로 비치는 아름다운 외모와 신비로운 분위기가 그녀에게 쉽게 다가설 수 없게 만든다. 결국 전화번호도 물어보지 못한 채 둘의 첫 만남은 끝이 난다.

　사실 누구든 상대가 이렇게 냉소적인 태도를 보이면 마음이 간절하다 해도 시작조차 어려울 때가 있다. 하지만 영화가 점차 전개되면서 애나는 윌리엄보다 더 적극적인 모습을 보이기도 하는데, '왜 처음부터 그러지 않았을까?'라는 의문이 들기도 한다.

　스캔들 사건으로 크게 다툰 윌리엄과 애나는 한동안 서로 연락을 하지 않고 지낸다. 그러다 애나가 런던에 왔다는 소식을 들은 윌리엄은 촬영장으로 그녀를 찾아간다. 애나의 촬영이 끝나길 기다리던 윌리엄은 우연히 그녀가 상대 배우와 나누는 대화를 듣게 되고, 자신을 귀찮게 여기는 그녀의 말에 상처받은 윌리엄은 발걸음을 돌린다. 뒤늦게 이 사실을 알게 된 애나는 오해였음을 해명하고 자신의 사랑을 고백하기 위해 윌리엄의 서점을 다시 한 번 찾아간다. 하지만 어렵게 자신을 잡아달라고 부탁하는 그녀에게 그는 단념한 듯 말한다. "당신은 저와 다른 세계에 사는 것 같아요." 윌리엄의 거절에, 그녀는 차오르는 감정을 억누르며 슬픈 한마디를 남기고 서점을 떠난다. "잊지 말아요. 나 또한 단지 여자일 뿐이라는 걸요. 남자 앞에 서서 사랑을 구하는….".

유명한 배우이기 전에 한 여자로서 한 남자에게 사랑받고 싶어 하는 그녀의 진솔함이 느껴지는 대사다. 내가 나이기에, 그대가 그대이기에, 우리가 우리이기에 사랑해주는 사람. 그저 나의 체취를, 그대의 체온을, 우리의 영혼을 사랑해주는 그런 사람이 옆에 있다는 건 세상에서 가장 큰 행복 중 하나가 아닐까?

"나처럼 사랑에 미숙한 놈이
또 상처를 받으면
그땐, 정말 회복할 수 없을지도 몰라요."

_ 자신을 찾아와 용서를 구하는 애나에게 윌리엄이 하는 말

Ain't no sunshine (sound track)

빌 위더스Bill withers는 힘든 어린 시절을 보내고 32세라는 다소 늦은 나이에 데뷔했지만 세계적인 뮤지션으로 성장한다. 이번에 추천하는 그의 〈Ain't no sunshine〉은 마이클 잭슨Michael Jackson과 비비킹B.B. King 등 많은 유명 아티스트가 커버를 하면서 1972년에는 그래미 어워드 최우수상을 수상하기도 한 곡이다.

이 곡의 애잔하고 쓸쓸한 분위기는 서점에서 애나를 기다리던 윌리엄의 모습과 무척이나 잘 어울린다. 한동안 연락을 하지 않던 시기에 외로워 보이는 윌리엄이 눈이 오는 차가운 노팅 힐 거리를 걷는 장면에서도 이 노래는 흘러나온다. 아쉽게도 영화 속 윌리엄의 서점은 현재 기념품 상점으로 운영되고 있다. 하지만 실망할 필요는 없다. 영화 속 서점 그대로의 느낌은 아니지만 아늑하고 아기자기한 분위기의 서점 '노팅 힐 북숍 Notting Hill Book shop'이 가까운 곳에 있다. 이 노래를 들으며 서점을 둘러보고 있으면 거짓말처럼 윌리엄이 멋진 정장을 차려입고 출근을 할 것만 같은 느낌이 든다. 영화 〈노팅 힐〉 촬영지 중 여운이 가장 길게 남은 곳이기도 하다.

"그녀가 사라지자 태양은 빛을 잃었어요.
그녀가 떠나가자 태양은 온기를 잃었어요."

_ 〈Ain't no sunshine〉 가사 중에서

+
Info

트래블 북숍 The Travel Bookshop

□ **Add:** 142 Portobello Road, London W11 2DZ / 래드브룩스 그로브 역,
   웨스트본 파크 역, 노팅 힐 게이트 역에서 도보로 15분

노팅 힐 북숍 The Notting Hill Bookshop

□ **Add:** 13 Blenheim Crescent, London W11 2EE / 래드브룩스 그로브 역,
   웨스트본 파크 역, 노팅 힐 게이트 역에서 도보로 15분
□ **Tel:** +44-(0)20-7229-5260
□ **Time:** 월~토 9:00~19:00, 일요일 10:00~18:00
□ **Web:** www.thenottinghillbookshop.co.uk

Coffee Bello

포토벨로에서 한 잔, **커피 벨로**

　　윌리엄은 세계적인 여배우 애나가 자신의 서점을 방문했다는 사실이 신기
해 어안이 벙벙하다. 동료에게 그녀가 왔었다고 얘기해보려고 하지만 믿지 않을 것
같아 그만둔다. 그리곤 동료의 부탁으로 오렌지 주스를 사러 나간다. 그런데 돌아오
는 길에 방금 서점을 다녀간 애나와 부딪혀 실수로 그녀의 옷에 오렌지 주스를 쏟고

만다. 옷을 버린 애나에게 윌리엄은 자신의 집이 가까운 곳에 있다면 그녀에게 옷을 갈아입고 가라고 제안한다. 애나는 탐탁지 않지만 하는 수 없이 윌리엄을 따라간다. 시시하게 끝난 서점에서의 첫 만남에 생기를 불어넣는 순간이다.

영화에서 윌리엄이 애나에게 가장 많이 했던 대사는 바로 이것이다. "차 한 잔하실래요?" 하지만 정작 서점에서 애나를 처음 만났을 때는 차의 'ㅊ'도 꺼내지 못한다. 아마도 윌리엄의 일터인 서점이라는 공적인 공간이 그를 애나에게 쉽게 다가서지 못하게 한 것 같기도 하다. 그래서인지 직장에서 벗어나 새로운 공간(비록 길거리지만)에서 윌리엄은 좀 더 적극적인 모습을 보여준다. 오늘 처음 본 여자에게 "우리 집 갈래요?"라니. 서점에서의 주춤거리던 모습과는 너무도 다르다. 다행히 예상 밖의 오렌지 주스 사건 덕분에 그들의 운명은 서로를 향해 꿈틀거리기 시작한다.

가끔 영화나 드라마를 보면 답답한 전개가 오랫동안 이어질 때가 있는데, 오렌지 주스 사건은 적절한 타이밍에 복잡하고 작위적이지 않게 이야기를 풀어주는 계기가 되고 있다. 조금 촌스럽고 유치하지만 말이다. 어차피 사랑은 누가 더 유치한 지 시합을 하는 것과 같지 않은가.

　　영화 속 윌리엄의 말 그대로 애나에게 오렌지 주스를 쏟은 거리에서 파란 문이 달린 집과는 50미터도 채 되지 않는 가까운 거리다. 아쉽게도 윌리엄이 주스를 샀던 영화 속 카페는 사라졌지만, 바로 옆에 '커피 벨로Coffee Bello'라는 로컬 카페가 새로 생겼다.

　　여행과 같이 많은 에너지를 필요로 하는 일을 하다 보면 가끔씩 당이 부족한 느낌이 든다. 온몸에 힘이 빠지고 걷기조차 싫을 때, 그때 달콤한 무언가를 먹으면 거짓말처럼 힘이 난다. 영화를 따라 걷는 길이 지칠 때쯤 포토벨로 거리에 있는 커피 벨로를 찾는 건 어떨까? 나는 이곳에서 초코라떼와 초코머핀을 먹었는데, 3파운드로 따뜻한 티와 머핀을 함께 즐길 수 있었다. 날씨가 괜찮다면 야외 테라스에 자

리를 잡아보자. 자기보다 큰 강아지를 산책시키는 할머니, 장사 준비를 하는 아저씨,
포토벨로 마켓을 마냥 신기해하는 관광객 등 카페 테라스에 앉아 지나가는 사람들
을 구경하는 것은 이곳에서 즐길 수 있는 소소한 재미 중 하나다.

"차 한잔하실래요?"

_ 할 말이 없을 때마다 윌리엄이 하는 말

 Music

Notting Hill (sound track)

영화 〈노팅 힐〉의 사운드 트랙 중 배우들의 대사에 묻혀 온전히 빛을 내지 못한 곡이 있다. 바로 〈Notting Hill〉이다. 조용한 선율이 특징인 이 곡은 자칫 시끌벅 적한 포토벨로 마켓과는 어울리지 않는 것 같지만 눈을 감고 가만히 들어보면 멜로 디 사이로 시장의 적당한 소음이 하모니를 만들어내 오묘한 매력이 느껴진다. 아마 도 트레버 존스는 'Notting Hill'이라는 제목의 곡을 잔잔하게 만듦으로써 시장의 소 음과 음악이 잘 어우러지도록 한 것일 테다.

이 곡은 잔잔한 클래식 기타로 시작해서 중간에 분위기가 잠시 고조되다가 마지막은 잔잔하게 끝이 나는데, 서점에서의 첫 만남과 갑자기 찾아온 첫 키스 그리고 함께 의자에 앉아 있던 마지막 모습까지 영화 속 윌리엄과 애나의 운명의 흐름과 오묘하게 닮은 것 같기도 하다. 노팅 힐을 거닐다 커피 벨로를 방문하게 된다면 카페 테라스에 앉아서 이 음악을 들어보자. 마치 영화 안으로 들어와 여행을 하고 있는 듯 한 경험을 하게 될 것이다.

+
Info

커피 벨로 Coffee Bello

□ **Add:** 214 Portobello Road, London W11 1LA / 래드브룩스
그로브 역, 웨스트본 파크 역에서 도보로 10분
□ **Tel:** +44-(0)20-7229-6259
□ **Web:** www.coffeerepublic.co.uk

91 Lansdowne Road
세상에서 가장 행복한 사람, 랜스다운 로드 91번지

film story

애나는 윌리엄의 여동생 '허니'가 생일파티를 한다는 소식을 듣고 함께 가
고 싶어 하고, 바람대로 생일파티가 열리는 '벨라'의 집으로 윌리엄과 함께 간다. 집
앞에 도착해서 노크를 하니 '맥스'가 나와 문을 열어주는데 그는 단번에 애나를 알아
보지 못한다. 훌륭한 솜씨는 아니지만 요리를 할 때마다 정신이 없는 맥스는 그날도

여전히 요리를 하느라 정신이 없다. 윌리엄이 정식으로 애나를 인사시켜주니 그제야 여배우 애나 스콧을 알아본다. 친구들은 놀랍고도 의아한 눈빛으로 윌리엄을 쳐다본다. 차례로 파티의 주인공인 허니와 친구 '보니'가 도착하고, 그중 눈치 없는 보니는 그녀를 한동안 알아보지 못하고 바보 같은 질문을 하기도 한다.

그렇게 애나는 윌리엄의 친구들에게 환대를 받으며 그들과 소소한 대화 속에 즐거운 시간을 보낸다. 배우라는, 그것도 유명한 배우라는 직업 탓에 어디를 가든 불편하고 항상 대중들의 눈치를 봐야 하는 그녀에게 누군가와 편하게 평범한 대화를 나누는 일은 그야말로 특별한 일이다.

영화 〈노팅 힐〉에서 내 마음을 가장 크게 울린 장면은 윌리엄과 친구들이 '가장 불행한 사람에게 케이크를 주는 게임'을 하던 모습이다. 게임은 버니가 "나는 항상 일하는 직장에서 구박만 받는 능력 없는 사람이야. 게다가 사춘기 이후로는 여자친구도 없어"라고 고백을 하며 시작한다. 차례대로 자신이 불행하게 살아온 이야기를 주고받는데, 그중 가장 충격적인 이야기는 벨라의 고백이었다. 벨라는 불의의 사고로 휠체어를 타고 있는데 이제는 임신까지 할 수 없게 되었다고 고백한다. 영화에 빠져 이 이야기를 듣는 순간 마음이 아려왔다. 벨라의 친구들도 한동안 아무 말도 하지 못한다.

"얼마 후면 나의 아름다움은 시들고 인기도 한물가겠죠.
그런, 난 퇴물 배우로 사람들 머리에서 영원히 사라져버릴 거예요."

_ '세상에서 가장 불행한 사람'을 뽑는 게임에서 애나가 하는 말

이 장면만 본다면 누구보다 불행한 사람은 당연히 벨라인 것 같지만 영화를 끝까지 보고 나면 그녀는 누구보다 행복한 사람인 것을 알 수 있다. 항상 옆에서 응원해주는 친구들과 그녀의 동반자 맥스는 그녀가 가치 있는 사람임을 느낄 수 있도록 항상 곁을 지켜준다. 특히 영화 마지막 즈음 차를 타고 친구들과 애나의 기자회견장으로 가는 장면에서 이를 온전히 느낄 수 있다. 일분일초가 시급한 상황에서 벨라는 자신이 짐이 될 것을 걱정하고 함께 가지 않는다고 하지만 맥스는 벨라를 조수석에 옮겨 태우고 그녀의 휠체어를 트렁크에 싣고 나서야 출발한다. 그런데 정말 당연하다는 듯 아무도 이 상황을 불편해하지 않는다. 이만큼 사랑해주는 동반자와 친구들이 있는 그녀야말로 세상에서 가장 행복한 사람이 아닐까.

"인생은 생각하면 할수록 의미가 없어져.
누구도 왜 무엇은 잘되고
무엇은 안 되는지 알 수 없는 거야."

_ 벨라의 대사 중에서

When you say nothing at all (sound track)

　　로난 키팅Ronan Keating의 노래로, 벨라의 집에서 열린 허니의 생일파티 장면과 윌리엄과 애나가 정원에서 데이트를 하는 장면에서 들을 수 있다. 개인적으로 윌리엄과 애나보다는 맥스와 벨라에게 더 잘 어울리는 노래 같다. 이미 서로의 삶에 동반자가 된 벨라와 맥스에게 보다 어울리는 가사 때문인지도 모르겠다. "I may I could never explain What I hear when you don't say a thing(그 이유를 난 절대 설명할 수 없을지도 몰라요, 당신이 말하지 않아도 들을 수 있는 것을)."

　　벨라와 맥스에게는 너무나도 당연한 말일지 모른다. 영화 속에서 벨라가 자신의 불행을 고백할 때 맥스는 아무 말 없이 그녀를 지긋이 바라보는데 말로 담을 수 없는 메시지를 그들만의 언어로 그녀의 마음을 어루만져주는 것 같았다. 두 사람이 서로를 끝까지 지켜주길 바라며, 지금 우리 곁을 지켜주고 있는 서로가 서로를 끝까지 지켜주길 바라는 마음으로 이 노래를 추천한다.

랜스다운 로드 91번지 91Lansdowne Road

□ **Add:** 91 Lansdowne Road, London W11 2LE / 래드브룩스 그로브 역,
홀랜드 파크 역(Holland Park Station)에서 도보로 10분

Place 5

Portobello Market

런던 최고의 마켓, **포토벨로 마켓**

film
locations

영화 〈노팅 힐〉은 대부분 노팅 힐의 '포토벨로 마켓Portobello Market' 근처에서
촬영되었다. 골동품과 신선한 청과물이 유명한 시장으로 보통 주중에는 상점만 영업

을 하고 거리의 시장은 영업을 하지 않는다. 포토벨로 마켓을 제대로 즐기기 위해서는 장이 가장 크게 서는 토요일에 가는 것이 좋다. 활기찬 런던의 시장 분위기를 제대로 느낄 수 있으며 영화 속의 시끌벅적한 분위기 역시 생생하게 전해진다. 특히나 다양한 길거리 음식은 꼭 도전해봐야 한다. 먹기 편하게 포장해서 팔고 있으니 손에 하나 들고 길거리 공연을 보는 것도 좋다. 내가 이곳에서 제일 좋아하는 건 기다란 폴란드 피자다. 5파운드로 가격도 저렴하고 들고 다니면서 먹기에도 제격이다. 하나 먹으면 또 하나가 먹고 싶을 정도의 중독적인 맛이 소위 초딩 입맛에 딱 맞다.

혹시 사람이 많은 것이 불편하다면 주중에 가는 것도 나름의 묘미가 있다. 노점상은 없지만 사람이 많지 않아 포토벨로 마켓의 분위기를 온전히 즐길 수 있다. 수많은 관광객에 가려져 있던 알록달록한 파스텔 톤의 건물들과 노팅 힐만의 로컬 분위기를 느끼고 싶다면 주중에 여유롭게 돌아보는 것이 더 좋기도 하다. 상점에서는 클래식 카메라, 오래된 찻잔, 낡은 안경, 고장 난 램프 등 다양한 골동품을 진열해두고 판매하고 있어 볼거리가 많다. 개인적으로 필름카메라에 취미가 있어 포토벨로 마켓을 자주 찾는다. 내 인생의 첫 필름 카메라를 20파운드에 장만한 곳이기도 하다. 한 가지 주의해야 할 점이 있다면 이곳은 카드 계산을 달가워하지 않는다. 포토벨로 마켓을 방문할 때에는 현금을 충분히 준비해 가자.

포토벨로 마켓 Portobello Market

- **Add:** Portobello Road, London W11 1EF(1LA) / 노팅 힐 게이트 역, 래드브룩스
  그로브 역에서 도보로 10분
- **Tel:** +44-(0)79-2283-2872
- **Time:** 월~수 9:00~18:00, 목요일 9:00~13:00, 금~토 9:00~19:00, 일요일 휴무
- **Web:** www.portobellovillage.com

Rosmead Gardens

나와 함께 앉아줘요, **로스미드 가든스**

허니의 생일파티가 끝나고 윌리엄과 애나는 친구들과 작별 인사를 하고 벨라의 집을 나선다. 문이 닫히자 이내 집 안에서는 환호성이 들려온다. 티는 안 내고

있었지만 여배우 애나와 함께한 시간이 꽤나 좋았던 모양이다. 윌리엄과 애나는 서로를 바라보며 미소를 짓는다. 둘은 한동안 대화를 나누며 산책을 하고, 우연히 정원 하나를 발견한다. 애나는 정원이 마음에 드는지 들어가 보자고 제안하지만 윌리엄은 개인사유지라 들어갈 수 없다며 거절한다. 그러자 애나는 윌리엄을 한심하다는 듯 쳐다보며 말한다. "원래 그렇게 늘 법을 준수하며 사세요?" 결국 둘은 담장을 넘어 정원으로 들어간다.

사실 영국은 사생활에 관한 범죄를 굉장히 엄격하게 다루고 있어서 절대로 따라 하면 안 되는 행동이다. 머릿속으로 영화 속 장면을 상상하는 것은 자유롭게 하되, 주인공들처럼 무모하게 담장을 넘지는 않도록 하자. 영화 속 장면은 '로스미드 가든스Rosmead Gardens'라는 개인 소유의 정원에서 촬영되었다.

이 영화에서 가장 로맨틱한 장면은 초록색이 가득한 정원에서 윌리엄과 애나가 키스를 하는 순간이다. 아름다운 음악과 함께 달빛 아래 어두운 정원에서 키스를 나누는 두 사람의 모습은 보는 관객들마저도 설레게 한다. 키스가 끝나고 윌리엄

과 애나는 정원을 거니는데, 나란히 걸어가기도 또 서로를 바라보며 걷기도 한다. 어두워서 그들의 표정이 잘 보이진 않지만 누구보다 행복해 보이는 것만은 분명하다. 그러다 정원에 덩그러니 놓인 의자 하나를 발견한다. 의자에는 이렇게 적혀 있다. "이곳에 준과 조셉은 항상 함께 있었다." 애나는 그들이 부러운 듯 의자에 앉으며 말한다. "나와 함께 앉아줘요." 초록색이 가득한 정원에서 윌리엄과 애나가 함께한 시간은 서로의 마음을 확인하고 서로에게 조금 더 가까워질 수 있는 계기가 되었다.

영화가 제작되고 오랜 시간이 지난 지금까지도 윌리엄과 애나가 넘었던 검은색 담장과 그 담장을 가득 메운 풀숲의 색은 그대로다. 시간이 더 지나면 검은색의 문도, 초록빛 정원도 바뀔지 모른다. 하지만 줄리아 로버츠는 애나의 모습으로, 휴 그랜트는 윌리엄의 모습으로 이곳에 영원히 남아 있을 것이다. 바로 그것이 내가 이 글을 쓰는 이유이기도 하다.

함께

    사실 영화 속 초록색이 가득한 정원에서는 로난 키팅의 〈When you say nothing at all〉이 흘러나온다. 하지만 같은 노래를 또 추천할 수는 없기에 이곳의 분위기와 어울리는 음악을 열심히 찾아봤다. 애나는 윌리엄에게 키스를 하곤 그에게 자신과 평생을 함께하는 동반자가 되어 달라는 마음을 표현하는데, 이때의 장면이 발라드 그룹 노을의 〈함께〉라는 노래와 썩 어울릴 뿐 아니라 애나의 마음을 잘 담아내고 있는 것 같아 추천하려 한다.

    동반자란 삶을 함께 걸어가는 사람을 말하는데 노래의 가사 중 "우리 힘들지만 함께 걷고 있었다는 것, 그 어떤 기쁨과도 바꿀 수는 없지"는 이를 너무도 잘 표현하고 있다. 우리가 사랑하는 동반자에게 바라는 것은 그저 같은 곳을 바라보고 걸어주는 것이다. 더 바라본다면 손이 차다면 손을 잡아주고, 숨이 가쁘다면 같이 쉬어주는 정도다. 이 노래는 듣고 있으면 항상 내 곁을 지켜주는 '내 사람들' 부모님, 가족, 연인, 친구들이 생각난다. 비록 담장을 넘어 들어갈 수는 없지만 멀리 보이는 그들이 함께 앉은 의자를 바라보며 이 노래를 들어보자. 무뎌진 가슴을 따뜻하게 녹여주고 잊고 지내던 고마움이 마음 안에 피어날 것이다.

Info

로스미드 가든스 Rosmead Gardens

□ **Add:** Rosmead Road, London W11 2JG /
    래드브룩스 그로브 역, 홀랜드 파크
    역에서 도보로 10분

The Ritz Hotel

런던이 지루하다면 삶이 지루해진 것이다, **리츠 호텔**

film story
he says

즐거운 데이트를 마치고 윌리엄은 애나를 호텔로 데려다준다. 애나가 윌리
엄을 호텔 안으로 데리고 들어가면 둘의 관계는 복잡해질 것이 분명하다. 하지만 오

늘만큼은 그와 함께하고 싶었던 그녀. 윌리엄에게 같이 호텔로 올라가자고 말한다. 애나가 올라가고 몇 분 뒤 윌리엄도 설레는 마음으로 호텔로 올라간다. 그런데 방 안에 반갑지 않은 손님이 와 있다. 사실 애나는 미국에 남자친구가 있었고 그가 말도 없이 그녀를 찾아온 것이다. 윌리엄보다 더 당황한 애나. 그녀의 남자친구는 방으로 찾아온 윌리엄을 보고 누구냐며 추궁을 한다. 당황해서 아무 말도 못하고 있는 애나를 대신해 윌리엄은 자신을 룸서비스라고 소개하고, 그는 윌리엄에게 팁을 주며 잡일을 시키고 사라진다. 미안해서 어쩔 줄 모르는 애나에게 윌리엄은 그냥 "잘 가요" 하고 한마디 인사만 해달라고 말한다.

　　남자에게 가장 상처가 되는 일은 사랑하는 사람으로 인해 자존감을 상실하는 것이다. 사랑하는 여자에게 자신의 존재 가치를 인정받지 못해 큰 상처를 받게 되는 그런 것 말이다. 그럼에도 윌리엄은 애나에게 티 내지 않고 모든 것을 혼자 감당하며 무거운 발걸음을 돌린다.

　　영화 속에서 애나가 런던에서 묵었던 호텔은 피커딜리 서커스 Piccadilly Circus
에 있는 '리츠 호텔 The Ritz Hotel'이다. 피커딜리 서커스는 런던의 대표적인 관광명소
중 하나로 전 세계적으로 유명한 전광판이 있다. 런더너의 만남의 광장으로 런던에
서 가장 번화한 거리이자, 투어를 듣고 있는 관광객부터 에로스상 앞에 앉아 맥주를
마시며 수다를 떠는 현지인들까지 정말 다양한 사람을 볼 수 있는 곳이기도 하다.

실제로 내가 런던에서 가이드를 할 때 손님들과의 미팅 포인트로 활용했던 곳도 바로 이곳이다. 열정과 젊음으로 가득 찬 피커딜리 서커스는 언제 가도 기분이 좋아진다. 업무 때문에 의무적으로 가던 곳을 하고 싶은 일로 가게 되니 이전에 없던 새로움이 느껴졌다. 같은 공간에 머문다 해도 공기, 냄새, 분위기, 생각 중 하나만 바뀌면 전혀 다른 새로운 경험을 하게 되는 것 같다. 영화를 따라 런던을 여행하다 보니 "런던이 지루하다면 삶이 지루해진 것이다"라고 찬사를 한 새뮤얼 존슨 Samuel Johnson의 맘을 알 것 같기도 하다.

How can you mend a broken heart (sound track)

애나에게 남자친구가 있다는 사실을 알게 된 윌리엄이 호텔에서 쓸쓸히 발
길을 돌려 집으로 돌아갈 때 흘러나온 노래다. '어떻게 상처받은 마음을 치유할 수
있나요?' 제목만 봐도 사랑하는 사람 앞에서 자존감에 상처 입은 윌리엄에게 잘 어
울리는 노래라는 것을 알 수 있다. 제목뿐만 아니라 가사 한 소절 한 소절이 배신감
과 패배감을 느꼈을 윌리엄의 마음을 담고 있다.

그럼에도 집으로 돌아가 윌리엄은 친구 스파이크에게 이렇게 말한다. "내
마음속에 한 여자가 있는데, 내가 도저히 가질 수 없는 여자야. 그리고 그녀에게 이
미 너무 많이 빠져버렸어." 가끔씩 남자들은 바보처럼 한번 사랑에 빠지게 되면 힘
들고 상처받을 걸 알면서도 그 사랑을 멈출 수 없을 때가 있다. 그것이 일방통행일지
라도 말이다.

⁺
Info

리츠 호텔 The Ritz Hotel

□ **Add:** 150 Piccadilly, St. James's, London W1J 9BR / 그린 파
크 역에서 도보로 1분
□ **Tel:** +44-(0)20-7493-8181
□ **Web:** www.theritzlondon.com

피커딜리 서커스 Piccadilly Circus

□ **Add:** London W1D 7ET / 피커딜리 서커스 역에서 도보로 1분

Admiralty Arch

고마워 나의 영웅, **애드미럴티 아치**

film story

애나는 미국으로 출국하기 전 윌리엄을 찾아와 자신을 잡아달라고 부탁한다. 하지만 윌리엄은 단호하게 그녀를 거절한다. 서로의 다름으로 인해 많은 상처를 받았고 한 번 더 상처를 받게 되면 더 이상 회복할 수 없을 것 같다는 것이 그의 거절 이유다. 그녀가 서점을 떠나고 윌리엄은 친구들에게 조언을 구한다. 그런데 대화를 하면 할수록 '노팅 힐에서 고작 망한 서점 하나 운영하고 있는 소심한 돌싱남을 애나가 아니라면 과연 누가 만나줄까?'라는 생각이 든다.

결국 윌리엄과 친구들은 애나가 떠나기 전에 서둘러 그녀를 찾아가기로 한다. 그런데 그녀의 기자회견장으로 가는 도중 한 구간에서 교통 체증 때문에 도저히 차가 움직이질 않는다. 그 순간 괴짜 친구 스파이크가 차에서 내려 직접 교통정리를 하며 윌리엄이 제시간에 기자회견장에 도착할 수 있도록 도와준다. 그런 스파이크에게 허니는 손을 흔들며 고마움을 표시한다. "고마워, 나의 영웅" 스파이크의 비상식적인 행동이 처음으로 도움이 된 순간이다.

film locations

　　스파이크가 교통정리를 해주던 우정이 돋보인 이 장면은 '애드미럴티 아치 Admiralty Arch'에서 촬영되었다. 버킹엄 궁전과 트래펄가 스퀘어 Trafalgar Square를 이어주는 더 몰 입구에 위치한다. 이곳에는 3개의 아치가 있는데, 가운데는 국왕만이 사용할 수 있는 것으로 보통은 문이 닫혀 있다. 근처에는 버킹엄 궁전, 런던 국립미술관 National Gallery, 다우닝 10번지, 세인트 제임스 공원 St. James's Park 등 가볼 만한 관광명소들이 모여 있다. 특히 13세기부터 20세기 초반까지 세계적으로 인정받고 있는 유럽의 회화 작품들을 무료로 관람할 수 있는 국립미술관과 버킹엄 궁전에서 진행되는 근위병 교대식은 꼭 찾아가 보기 바란다.

Music

Gimme some lovin' (sound track)

맥스의 차를 타고 다 같이 애나의 기자회견장으로 가는 장면에서 흘러나오는 노래는 스펜서 데이비스 그룹 The Spencer Davis Group의 《Gimme some lovin'》이다. 1963년 버밍엄 Birmingham에서 결성된 영국의 록 밴드로 이 노래를 만드는 데 1시간밖에 걸리지 않았다고 한다. 이 곡은 영국 차트 2위, 미국 차트 7위를 기록했고 롤링스톤이 선정한 역사상 가장 위대한 500곡에 포함될 정도로 많은 사람에게 사랑을 받았다.

곡에서 느껴지는 활력 넘치는 에너지와 신나게 연주되는 하모니는 영화 속 긴박한 상황을 더욱 흥미진진하게 만들어준다. 특히 "Gimme some lovin(사랑을 주세요)"이라는 부분에서는 쉽게 따라 부를 수 있는 멜로디로 모두를 영화 속으로 빠져들게 한다.

+ info

애드미럴티 아치 Admiralty Arch

☐ **Add:** The Mall, St. James's, London SW1A 2WH / 채링 크로스 역에서 도보로 2분
☐ **Tel:** +44-(0)20-7276-5000
☐ **Web:** www.admiraltyarch.co.uk

런던 국립미술관 National Gallery

☐ **Add:** Trafalgar square, London WC2N 5DN / 채링 크로스 역에서 도보로 2분
☐ **Tel:** +44-(0)20-7747-2885
☐ **Time:** 토~목 10:00~18:00, 금요일 10:00~21:00
☐ **Web:** www.nationalgallery.org.uk

Place 9

The Savoy Hotel
얼마나 오랫동안 영국에 있을 건가요, **사보이 호텔**

film
story

　　윌리엄은 친구들의 도움으로 기자회견이 열리고 있는 '사보이 호텔The Savoy Hotel'에 무사히 도착한다. 제시간에 왔지만 기자회견장으로 들어가는 것도 쉽지가 않다. 다행히 벨라가 호텔의 장애인 처우에 대해 조사를 하러 왔다고 거짓말을 하면서 윌리엄은 기자회견장으로 들어갈 수 있게 된다. 때마침 한 기자가 애나에게 윌리엄과의 관계에 관한 질문을 한다. "그는 친구예요." 애나의 대답이다. 이때 기자인 척

윌리엄은 손을 들어 질문의 기회를 얻게 된다.

그는 그녀에게 조심스럽게 물어본다. "그 남자와 연인으로 발전할 가능성이 있나요?" 그녀는 담담한 표정으로 대답한다. "저는 그러고 싶었지만, 그럴 수 없었어요." 그리고 그는 간절한 눈빛으로 그녀를 바라보며 한 번 더 질문한다. "그 남자가 실수를 깨닫고 무릎 꿇고 생각을 돌려 달라고 애원한다면, 다시 받아주실래요?" 한동안 정적이 흐르고 모두가 숨죽이며 대답을 기다리는 가운데 그녀는 미소를 지으며 말한다. "네, 그러겠어요." 그리고 그녀는 한 기자에게 받았던 질문을 다시 해달라고 요청한다. "얼마나 오랫동안 영국에 있을 건가요?" 그녀는 알 수 없는 표정을 짓더니 이내 대답한다. "영원히"

film locations

영화 속 기자회견 장면이 촬영된 사보이 호텔은 코벤트 가든 Covent Garden에 위치해 있다. 코벤트 가든은 런던의 유명한 관광명소 중 하나로 다양한 액세서리 가게, 식당, 카페로 가득한 '애플 마켓 Apple Market'과 의류, 수공예품, 앤티크 등을 파는 '주빌리 마켓 Jubilee Market'으로 나눌 수 있다.

애플 마켓 테라스에서 식사를 하며 거리 공연을 감상하는 것은 이곳에서만 느낄 수 있는 즐거움이다. 뿐만 아니라 코벤트 가든 곳곳에서는 매일매일 색다른 거리 공연이 열리기도 한다. 한국 관광객들에게 유명한 셰이크쉑버거shake shake burger와 스테이크 전문점 플랫아이언Flat Iron이 있으니 시간이 된다면 방문해보는 것도 좋겠다.

She (sound track)

영화 〈노팅 힐〉 OST 중 가장 대표적인 곡은 다름 아닌 엘비스 코스텔로 Elvis Costello의 〈She〉이다. 이 노래를 듣고 있으면 자연스럽게 영화 속 기자회견 장면이 떠오른다. 많은 기자 속에서 윌리엄을 바라보고 활짝 웃고 있는 애나, 그런 애나를 보고 행복해하는 윌리엄. 서로를 사랑스럽게 바라보던 장면이 한동안 머릿속을 떠나질 않는다. 엘비스 코스텔로의 허스키한 중저음의 목소리는 윌리엄이 애나에게 진심이 담긴 편지를 읽어주는 것 같기도 하다. 이 노래는 들을 때마다 영화 〈노팅 힐〉을 떠올리게 해 마치 이 영화를 평생 잊지 못하는 불치병에 걸린 게 아닌가 생각하게 된다.

사실 이 노래는 프랑스 남성 가수의 원곡을 엘비스 코스텔로가 영어로 재해석한 것이라고 한다. 감독이 이 노래를 사용한 이유는 가사이다. 가질 수 없을 것만 같던 애나를 사랑하게 된 윌리엄의 마음이 가사를 통해 은은하게 느껴질 때 감독의 의도를 더욱 이해할 수 있게 된다. 1999년에 만들어진 〈노팅 힐〉이라는 영화를 오래도록 기억하게 만들어준 엘비스 코스텔로의 〈She〉를 마지막 장면이 촬영된 사보이 호텔에서 추천해본다. 어떤 노래보다 생생하게 영화 속 장면을 선명하게 떠오르게 해줄 것이다.

사보이 호텔 The Savoy Hotel

- **Add:** Strand, London WC2R 0EU / 엠뱅크먼트 역,
  코벤트 가든 역(Covent Garden Station)에서
  도보로 10분
- **Tel:** +44-(0)20-7836-4343
- **Web:** www.savoystrand.com

코벤트 가든 Covent Garden

- **Add:** London WC2E 8RF / 코벤트 가든 역에서
  도보로 1분
- **Tel:** +44-(0)20-7420-5856
- **Web:** www.coventgarden.london

Kenwood House

초록색 가득 평온한, 켄우드 하우스

film story

파란 문 기자 회동 사건으로 윌리엄과 애나는 헤어지게 된다. 친구들에게
는 괜찮다고 다 잊었다고 말하지만 이미 그의 머릿속을 가득 채우고 있는 그녀를 비
워내는 일은 쉽지 않다. 그러던 중 그녀가 런던으로 영화 촬영을 왔다는 소식을 듣게
된 윌리엄은 마지막 기회라는 생각으로 그녀를 찾아간다.

우여곡절 끝에 윌리엄은 애나를 만나게 되고, 그녀는 할 말이 있으니 기다
려 줄 수 있냐고 부탁한다. 윌리엄은 매니저의 도움으로 배우들의 대사가 들리는 오
디오 부스에서 그녀를 기다린다. 오디오를 통해 그녀가 상대 배우와 나누는 대화가
들리고, 상대 배우는 애나에게 관심이 있는지 그녀에게 둘 사이를 묻는다. "아까 그
얼간이 누구야?" "아무도 아니에요. 좀 알던 남잔데 불쑥 찾아와서 당황했어요." 그
녀가 자신에 대해 하는 말을 듣게 된 윌리엄은 쓸쓸한 표정을 짓는다. 그의 표정에서
'이제 정말 그녀를 포기해야겠다'는 단념이 느껴진다.

　　영화 속에서 윌리엄이 찾아간 애나의 영화 촬영지는 런던 북쪽에 위치한 햄스테드 히스의 '켄우드 하우스Kenwood House'이다. 영화 〈노팅 힐〉 촬영지 중에 가장 추천하는 곳이다. 런던 중앙에서 대중교통을 이용해 30~40분 정도면 도착한다.

　　켄우드 하우스는 17세기 초반에 만들어진 조지안 양식의 대저택으로 1925년에 맥주회사 기네스의 사장인 에드워드 기네스Edward Guinness가 구입했다. 1928년에 최초로 일반인에게 공개되었고, 현재는 스톤헨지Stonehenge와 같은 영국 유적지English Heritage 중 하나로 미술관으로 이용되고 있다. 런던 국립미술관만큼은 아니지만 유명 작가의 미술작품이 다수 전시되기도 한다. 입장료는 무료며 직원들로부터 그림에 대한 설명을 들을 수도 있다.

  켄우드 하우스가 위치한 햄스테드 히스는 런던에 숨겨져 있는 보물 중 하나
다. 히스Heath는 '황야'라는 뜻으로 실제로 이곳은 온통 초록색으로 가득 차 있으며
북쪽의 높은 지대에 형성되어 있어 런던 시티의 전망을 한눈에 볼 수 있다. 런던이라
는 도심 속의 자연을 경험할 수 있는 곳이니 꼭 방문해보기 바란다.

Arabesque No. 1

초록색 가득 평온한 햄스테드 히스에서는 클로드 드뷔시Claude Debussy의 곡 〈Arabesque No. 1〉이 좋을 것 같다. 제목인 '아라베스크Arabesque'는 복잡하게 기하학적으로 디자인된 꽃과 잎 모양의 패턴이 가득한 문양 스타일을 말한다. 드뷔시는 이 문양이 우리가 살고 있는 자연의 모양들을 비추고 있다고 말했다.

실제로 이 음악을 듣고 있으면 푸르른 초원과 그 위로 엄마를 쫓아 뛰어가는 새끼 염소들이 상상된다. 이곳에 새끼 염소들은 없지만 울창한 나무가 가득한 숲이 있고, 누구보다 행복해 보이는 손을 잡은 노부부들이 있고, 그 뒤를 따르는 강아지들이 있다. 이런 곳에서 이 음악을 듣고 있으면 멜로디는 나를 향해 불어오는 산들바람과 같고, 재잘재잘 들려오는 피아노 선율은 노부부를 쫓아가는 강아지들의 발걸음처럼 느껴진다. 곡이 연주되는 7분 49초 동안은 온전히 이 산속에 동화되는 시간이다. 머리와 마음 속을 가득 채우고 있던 고민과 불안이 흙에 스며들어 덜어지고 무겁던 발걸음이 조금은 가벼워지길 바라는 마음으로 이 곡은 추천한다. 이 글을 읽고 누군가는 어제보다 조금 더 행복한 오늘을 보낼 수 있길 바란다.

 로고 아래

Info

켄우드 하우스 Kenwood House

- ▫ **Add:** Hampstead Lane, Highgate, London NW3 7JR / 하이게
  이트 역(Highgate Station)에서 도보로 25분
- ▫ **Tel:** +44-(0)37-0333-1181
- ▫ **Time:** 매일 10:00~17:00
- ▫ **Web:** www.english-heritage.org.uk